半導体ものがたり

真空か、宇宙か、実験室か？

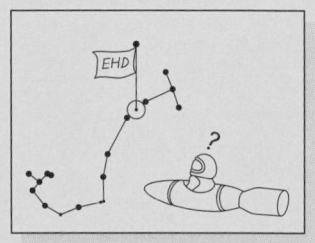

大塚 穎三

アグネ技術センター

はじめに

　金属ほどには電気を伝えない，しかしプラスチックやセラミックスのように全然電気を伝えないわけではないという，いわば中途半端な物質に半導体というのがあります．帯に短し，たすきに長し，俗に言えば，一番役に立たないはずの半導体が一躍世の寵児となりました．半導体メーカーが国の基幹産業の一つを支えており，半導体を生産し過ぎて貿易摩擦の原因にまでなっています．この半導体を駆使する技術者になるには，半導体工学を身につける必要があります．そのためには，半導体工学の優れた教科書を熟読して専門科目の単位を取得し，各種の資格試験に合格するなどいろいろ苦難の道を歩まねばなりません．

　しかし，皆が皆半導体技術者になるわけではありません．半導体工学でなく，"半導体の物理"を楽しむ人たちがいてもよいと思います．というのは，"半導体の物理"というのは本当に面白いものなのです．義務感や使命感にとらわれず，単に読み流すことで，半導体の面白さを味わっていただけたらと思い，この"ものがたり"を執筆しました．

　私は以前に，オーストリアの科学者に言われたことを思い出します．「日本の技術は素晴らしい．脱帽あるのみです．しかし，残念なことに，日本の技術者は本当の科学を知らないようです．そして，もっと残念なことに，日本の科学者が"文化"を知らないという事実があります．」

　なんとも辛辣なコメントですが，私にはこれが本当だと思えます．この小冊子が，このような批判に対する"答"の一つになっていればよいのだがなあ，と願うところです．

　なお，本書の副題ですが，半導体が昔の真空管に代わる働きをするところか

ら"第2の真空"と呼ばれたという歴史的背景，電子・正孔液滴という天体にもどこか似た物を抱えるから"宇宙"のイメージ，そして，原子による電子または陽電子の散乱の問題を擬似的に扱えるので，いわば"実験室"の役割を果たすという意味合いで，著者の偽らざる感慨から命名しました．

　どうか皆さん，「半導体ものがたり」を楽しんでください．楽しいことの裏には，不思議なことに，将来必ず役に立つ事柄が潜んでいることをお忘れなく．

著者

目次

はじめに .... *i*

I部　半導体ものがたり

1　半導体とは **1**
  1・1　第2の真空 1
  1・2　電子と正孔－正孔は陽電子に代わるもの 2
  1・3　半導体の種類 3
  1・4　不純物の役割 9
  1・5　半導体中の電子散乱；特定不純物による散乱 11
  1・6　サイクロトロン共鳴 12
  1・7　不純物による散乱の特徴 14
  1・8　p–n接合 18
  1・9　金属と半導体の接触 19

2　エクシトン登場 **21**
  2・1　エクシトンとは？ 21
  2・2　電子・正孔液滴　EHD 21
  2・3　巨大電子・正孔液滴 22

3　締めくくりに　半導体－それは物質と反物質が共存する世界
.... **25**

II部　電子・正孔液滴（Electron-Hole Drop）

1　半導体宇宙への旅のはじまり **27**
  1・1　電子・正孔液滴（Electron-Hole Drop）との出会い 27
  1・2　電子・正孔液滴概念の確立まで
      －エクシトン（励起子）とエクシトン分子 35

半導体ものがたり－真空か，宇宙か，実験室か？

 2 電子・正孔液滴の物理的性質 43
  2・1 電子・正孔液滴の発見 43
  2・2 物質の3態（気相，液相，共存相）との類似 46
  2・3 電子・正孔液滴の形，大きさ，寿命 51

 3 サイクロトロン共鳴との関わり 57
  3・1 エクシトンとサイクロトロン共鳴 57
  3・2 サイクロトロン共鳴手法のバラエティ 64
  3・3 圧力をかけると 66
  3・4 マグネトプラズマ共鳴 68

 4 光，応力，磁場 73
  4・1 フォノン（phonon）の風 73
  4・2 強磁場をかけると 78
  4・3 ゲルマニウムからシリコンへ 81

 5 巨大液滴 87
  5・1 偶然出来た！ 87
  5・2 再びマグネトプラズマ共鳴 90
  5・3 超音波磁気共鳴吸収 93
  5・4 巨大液滴の特徴 96
  5・5 天体との類似 98

 6 フィナーレ 103

あとがき 119

索引 121

I部　半導体ものがたり

1 半導体とは？

1・1　第2の真空

　その昔，電子機器の立て役者は真空管でした．真空にしたガラス管の中に，陽極と陰極を設け，その間に電子を流すのです．その流れ具合を適当に制御する第3の電極（格子状になっていたので，英語でグリッドと呼ばれました）を挿入するのが普通で，このグリッドで制御された電流は，電気信号を増幅したり，送信したりする働きをしたものです．電子は陰極から出て来ますが，電子を酸化物陰極から熱で追い出すために，ヒーターを近くにおきました．このヒーターは，タングステンという電気抵抗の高い金属に無理やり大きな電流を流した発熱体です．この熱でいたたまれなくなった電子が酸化物陰極から飛び出します．電流の流れにくいタングステンに無理やり大きな電流を流すのですから，その時のエネルギー消費は大変なものです．このようなエネルギーの無駄使いを私たちはしていたのです．

　この弊害を無くしたのが，真空管に代わるトランジスターの発明でした．これはゲルマニウムという元素で作られました．ゲルマニウムというのが半導体だったのです．これまで真空中に電子を走らせて，その動きを制御して来たのを止めて，半導体という固体の中で，電子を動かそうというのです．つまり，半導体は真空に代わる媒体でした．それどころか，真空中より遥かに効率よく電子を制御できることがわかりました．その意味で，半導体は"第2の真空"と呼ばれたことがあります．真空管に代わって半導体を使うが，真空管よりずっと使い勝手が良く，電気製品の性能も格段に良くなりました．半導体とは，改良された真空も同じ．真空というのはすべてを包含しますから，宇宙の森羅万象一切がそこで展開されます．思いがけない応用，そして理解が生まれました．

私たちがこれから学ぼうとすることは，そこで展開される楽しい物理なのです．義務感から勉強する必要はありません．物理を楽しむだけでよいのです．楽しい物理には宇宙の原理が潜んでいます．そして楽しいことというのは，不思議と役に立つことにまで発展するものなのです．

1・2　電子と正孔－正孔は陽電子に代わるもの

電子は誰でも知っています．マイナスの電気を帯びた粒子です．一方，プラスの電気を帯びた粒子に陽子というのがあります．陽子は電子の1,840倍もの質量を持っています．この陽子と電子とがプラス・マイナスのペアーになって水素原子を作ることはよく知られています．水素原子は一番基本的な元素で，少し複雑になるとヘリウム原子，リチウム原子などがあります．うんと重いところでは，ウラニウム（最初の原子爆弾の材料であり，原子力発電にも欠かせない素材です），プルトニウム等があり，現在では100種類以上の元素が知られています．これらの元素が化学的に反応して化合物を作り，あらゆる物質を形成していることは皆さんもよくご存じのことでしょう．

ところで，一番基本的な水素原子の構成要素である電子と質量がまったく同じで，電気の符号がマイナスでなくてプラスという粒子が見つかりました．陽電子です．見つかるより前に，ディラックという人が理論的にその存在を予言していました．その予言の根拠というのは，驚いてはいけません．世にいう真空とは，本当に空っぽで何も含まないのではなく，電子が一杯詰まった倉庫だというのです．一杯に詰め込まれた電子というのは観測にかからず，真空は見かけ上空っぽに見えます．しかし，この真空という倉庫から電子を1個引っ張り出すと，やっとこれが観測にかかります．私たちが検知している電子は，こうして真空から引っ張り出されたものだというのです．そして電子を引っ張り出した後の抜け穴が陽電子だというのがディラックの主張でした．電子を元の倉庫に戻すと，電子も陽電子も消滅して観測されなくなり，世の中は元の真空

に戻るのです．つまり電子と陽電子は真空を舞台に遊んでいることになります．

　そこで半導体です．これは第2の真空だと申しました．この真空をボーリングしてみましょう．ボーリングする機械は光です．真空である半導体に光を当てますと伝導電子と正孔とが生じます．正孔とは読んで字の如し：正に帯電した電子の抜け穴，つまり陽電子に相当する存在です．本当の真空の場合には，光といっても波長のうんと短いガンマー線という，人体に有害なほど高いエネルギーを持った放射線です．このガンマー線を何らかの標的に当てますと，電子と陽電子のペアーが誕生します．ところが半導体という"第2の真空"では，標的となる半導体に蛍光灯の光を当てるだけで，電子・陽電子ペアーに相当する電子・正孔のペアーを作ることができるのです．蛍光灯の光が持つエネルギーはガンマー線の持つエネルギーの100万分の1に過ぎませんので人体に有害でなく，破壊的なことも起こりません．電子と正孔とが合体すると，蛍光灯の光に相当するエネルギーの光を放出し，電子と正孔は消滅します．電子と陽電子だとガンマー線を放出して消滅するわけで，消滅した後には半導体の代わりに真空が残るわけです．

1・3　半導体の種類

　最初にゲルマニウムを紹介しましたが，最近ではむしろシリコンの方が主体です．シリコンはもはや半導体の代名詞です．半導体メーカーが沢山集まっているアメリカのカリフォルニア州にはシリコン・バレーというニックネームの付いた地方があります．日本では九州地方がそれに相当しますが，同地方のことをシリコン・アイランド（九州は島です）と呼んでいる人もいます．

　シリコンはダイアモンドと同じ構造の結晶を作ります．ダイアモンドは炭素原子が図1のように配列したものです．これらの炭素原子をシリコン原子で置き換えたものが半導体シリコンです．ダイアモンドは高価で，1グラムが何10

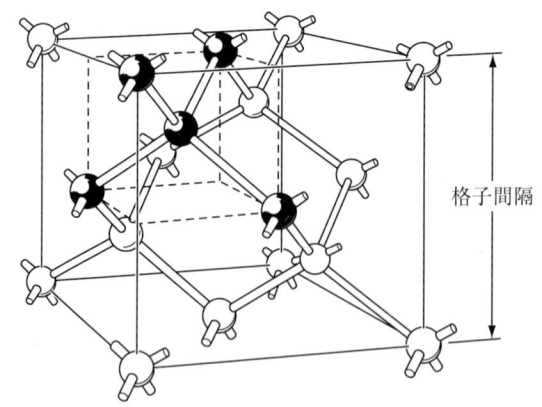

図1 ダイアモンドの結晶構造

万円もしますが，シリコンは1グラムが100円くらいです．高価なだけで，ダイアモンドは指輪の装飾くらいにしかなりませんが，シリコンだと1グラムの材料があれば，高性能のパソコンを何台も作ることができます．ですから本当に価値があるのは一体どちらなのでしょうか？

さて，ダイアモンド構造を形成する原子どうしの結合なのですが，これは水素原子2個が近寄り水素分子を作る時の結合と同じ種類の結合なのです．専門家はこの結合のことを共有結合と名付けています．つまり第1の水素原子に属する価電子と第2の水素原子のそれとが，結合の腕を共有しているという意味です．しかし水素の場合，結合が生じて水素分子ができればそれまでです．化学反応式としては

$$H + H \rightarrow H_2$$

となってH_2はできるものの，H_3やH_4などはできません．

　この点，炭素は違います．炭素は4価で，結合の元になる価電子を4個持っていますので，結合の手は4方向にわたり，次々と違う炭素原子を巻き込んで結合は限りなく伸びて行きます．ついにはそれがダイアモンド結晶になるのですが，ダイアモンドには1ccあたり，100億個の100億倍以上の炭素原子が含ま

1 半導体とは？

れています．シリコン半導体の場合も同様です．

　ここでもう一度水素原子どうしの結合に話を戻します．結合にあずかる電子は2個ですが，電子というのは古典的には陽子の周りを巡るというイメージがあります．この記述は本当のところ正しくありません．しかし，理解しやすくするためにあえてこのイメージを採用しましょう．地球が太陽の周りを公転する姿になぞらえれば，これは一種の周期運動です．周期運動にはいろいろな形がありますが，振り子も一つの周期運動です．ですから，一方の電子は1個の振り子，もう一方の電子はもう一つの振り子に対応します．この二つの振り子は絡まると複合振り子というものを作ります．絡まりというのは2個の原子が近くなると生じます．

　ひと頃，カチカチ・クラッカーという玩具が大流行したことがあります．水素分子の形成はこのカチカチ・クラッカーで説明することができるのです．

　複合振り子には二つの振動モードがあります．一つは2個の振り子が同じ方向に揃って振れる場合，もう一つは互いに逆方向に振れてカチカチ衝突する場合です．この二つの振動モードの中，どちらが安定度の高いモードなのでしょうか？

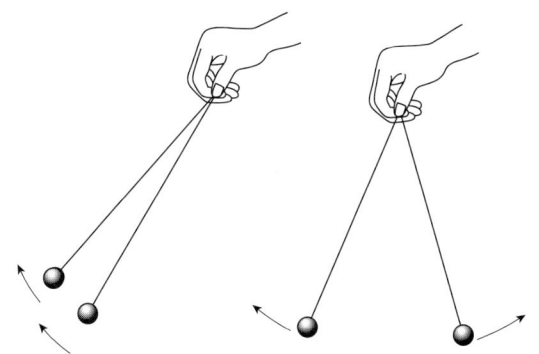

図2 カチカチ・クラッカー．
同じ方向に振動するブラブラ・モードと逆向きに
振動するカチカチ・モードとがあります．

振動のエネルギーは振動数の高い方が高いということはおわかりでしょう．光でも波長の長い赤色の光と波長の短い青色の光とでは，青色の光の方がエネルギーが高いのです．つまり波長の短い方は振動数が高い．紫外線になると人体の皮膚を焦がすような強いエネルギーを持っています．

カチカチ・クラッカーの場合，カチカチ鳴るモードと，揃った方向に黙ってブラブラ揺れるモードとでは，どちらが振動数が高いでしょうか？1分間時計を見ながら，振動数を比べて見て下さい．

そう，カチカチ・モードの方が多く振動しましたね．ということは，このモードの方がエネルギーが高いのです．水素原子のエネルギー準位は本来1種類しか無いのですが，2個の原子間で相互作用があると，高エネルギー準位と低エネルギー準位とに分かれます．低エネルギー準位にいた方が安定なので，電子は2個ともこちらへ移動します．高エネルギー準位では自由原子でいた時よりも不安定なので，この準位へ無理に置こうとしても，2個の原子はすぐに離れてしまいます．水素分子はカチカチ・モードに対応するモードでは成立し得ないのです．

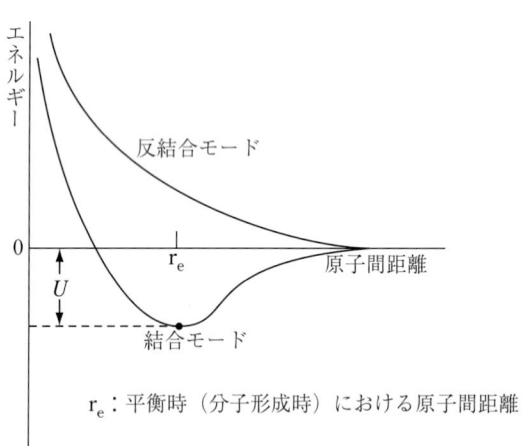

r_e：平衡時（分子形成時）における原子間距離

図3 ブラブラ・モードは結合のモードに，
　　カチカチ・モードは反結合モードになります．

低エネルギー準位は，原子がバラバラになった時よりもUだけエネルギーの低い場所にあります（図3）．このUのことを水素分子の解離エネルギーといいます．カチカチ，ブラブラなどと仮に呼んで来ましたが，後者は2個の原子が結合するモードなので結合モード，前者は結合に反するので反結合モードというのが正しい呼び方です．

　以上は水素の共有結合の話でした．炭素の場合はどうなるでしょうか？前に述べたように，炭素では原子の結合は限りなく伸びるのです．そして結合モードでも反結合モードでも，エネルギー準位は原子の数だけ束になって，準位というよりもエネルギーの帯を形成します．したがって，エネルギー準位ではなく，エネルギー帯という名前を導入します．
　ところで，炭素原子には6個の電子が住んでいます．そのうち，2個は1sという準位にいますので，この状態を$(1s)^2$と書きます．残りの4個は2s準位と2p準位にいまして，これをまとめると$(2s)^2(2p)^2$と書けます．2s準位と2p準位の間では，電子どうしの反発があって，エネルギーに差が生じます．2pの方が高いのです．2sと2pの準位が，結合モードと反結合モードとに分かれます．前者が4N個，後者も4N個ありまして（Nは結晶を作っている原子の数です），それぞれ帯を作ります．電子は水素の場合と同じように結合モードの帯に集まります．4N個の収用枠があるところへ，4N個の電子がやって来ますので，びっしり身動きできないように詰まります．これが電子を一杯かかえた倉庫つまり"真空"に相当します．ここにいる電子は元来炭素の価電子でしたから，この"真空"に相当する帯を価電子帯と呼ぶことにします．
　価電子帯とは電子がびっしり詰まった満員電車のようなもの．ここでは電子は身動きできません．一方禁制帯（エネルギー・ギャップ）を隔てて高エネルギー側にある伝導帯の方は，電子が元々いないので，空っぽの車両です．何らかの形，たとえば光とか熱とかで，価電子帯にある電子を伝導帯まで持ち上げると，ここではがら空きの車両内で子供が走り回るように，電子が自由に動け

ます．このような自由に動く電子を伝導電子と呼びます．一方，価電子帯には電子の抜け穴が残ります．これは本来，負の電荷を持っている電子が抜けたものであり，あたかも正の電荷を帯びた粒子のような振舞いをする孔なので，正孔と呼ぶことにしましょう．

　他方，反結合モードの帯は空っぽですが，ここが電子の活動できる"世の中"です．"真空"という帯と，"世の中"という帯との間は，禁制帯と呼ばれます．普通にここに電子は立ち入ることができません．禁制帯の幅が大きいと，価電子帯から電子は容易に"世の中"へ出ることができません．もし出られたら，そ

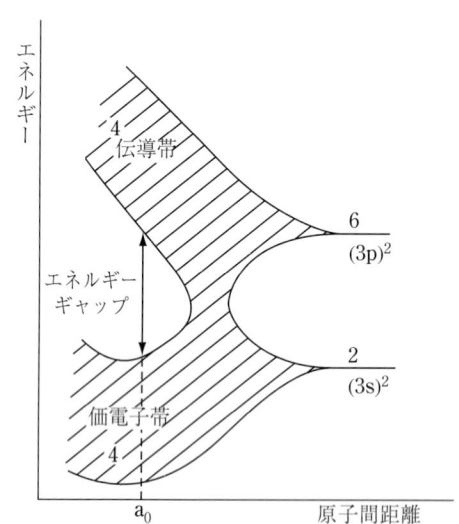

図4 シリコンには価電子が4N個あります．Nは結晶を構成する原子の数です．収容できる場所は3s準位に2N室，3p準位に6N室，合計8N室あります．価電子はエネルギーの低い方へ流れ込みますから，すべて結合モードの方へ行きます．結合モードには3sからN室，3pから3N室，合計4N室あり，ここへ4N個の価電子が流れ込むので満員になります．これが価電子帯です．一方反結合モードにも2sからN室，3pから3N室，合計4N室ありますが，こちらはエネルギーが高くて不安定なので電子はやってきません．したがって空っぽです．これが伝導帯です．

こはがら空きですから，自由に動き回ることができます．電子が動けばそれは電流です．つまり電気を伝えるので，"世の中"のことを伝導帯と呼びます（図4）．

　価電子帯と伝導帯の間，つまり禁制帯の広い物質は電気が流れにくいので不導体，禁制帯が消滅しているか，もしくは非常にせまい物質では大量の電子が伝導帯に流れ込むので良導体と呼びます．不導体には食塩NaClの結晶，プラスチックなどがあり，良導体には金Au，銀Ag，銅Cuなどの金属があります．シリコンSiやゲルマニウムGeでは禁制帯が比較的狭いので，熱なり光なりの形でエネルギーを少しばかり供給してやると，価電子帯の電子がほどほどに伝導帯へ移動することが可能で，適当に電流が流れます．これが半導体固有の形です．したがって伝導帯と価電子帯の間でだけ電子が往来する形の半導体を固有半導体といいます（真性半導体ともいいます）．

1・4　不純物の役割

　固有半導体は一番基本的な半導体ですが，これは不純物を一切含まない，仏様のような存在です．しかし現実には必ず不純物が混じって来ます．しかもその不純物が重要な役割を演じるのです．

　シリコンSiに不純物としてリンPを添加した場合を考えましょう．シリコンは4価，リンは5価ですから，PがSi一つにとって代わると，価電子が1個余ります．価電子の4個は共有結合にあずかりますが，ダイアモンド格子を構成した時点では，PはP$^+$とイオン化しています．このP$^+$は，一つ余分にはみ出した価電子に対して，あたかも水素原子核すなわち陽子がその周辺を巡る価電子に対するのと同じように振舞うはずです．つまり，Si中の不純物P，一般的にはIV族半導体（SiおよびGe）中に入ったV族の不純物（P, As, Sb）は，水素原子とよく似た立場にあるといえます．

　それでは，この不純物イオンの周りを巡る余分の価電子は，一体どのような準位にいるのでしょうか？

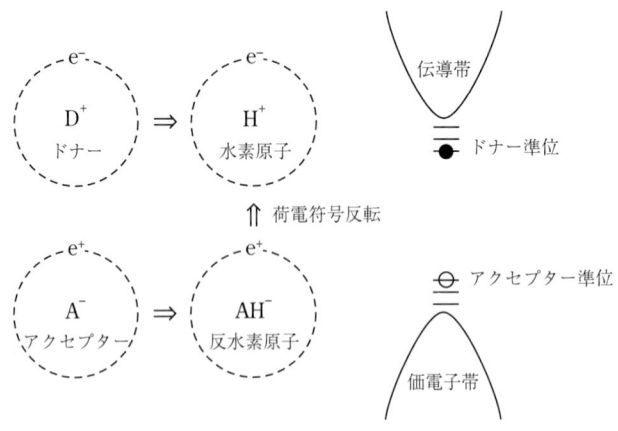

図5 不純物準位のできる位置をドナーとアクセプターの場合について示す

　答は禁制帯の中にいる…です．禁制帯には本来電子が存在し得ないはずですが，不純物が入ると不純物準位というのができます．伝導帯に電子を供給できるような準位はドナー準位と呼ばれ，伝導帯のすぐ下にできます（図5）．V族の不純物が入った場合，これは余分の電子を伝導帯に放出できるのでドナー，Ⅲ族の不純物が入った場合，これは価電子帯から電子を受け入れるので，アクセプターと呼びます．ドナーとしてヒ素（As）が入った場合の電子構造を図6に示します．

　不純物が半導体に電流を生じる主体となる場合が大部分で，このような半導体を不純物半導体と呼び，固有半導体と区別します．固有半導体には，禁制帯がある以上，本質的には絶縁体で，温度を下げれば電流はまったく流れなくなります．後にわかるようにV族のドナーは水素原子とよく似た立場となります．V族元素のP, As, SbはSi中でもGe中でもドナーとなり，Ⅲ族のB, Al, Gaはアクセプターになります．ドナーとアクセプターでは，構成要素の電荷がすべて正負反対です．したがって，自然界に対応を求めるならば，正確には反水素

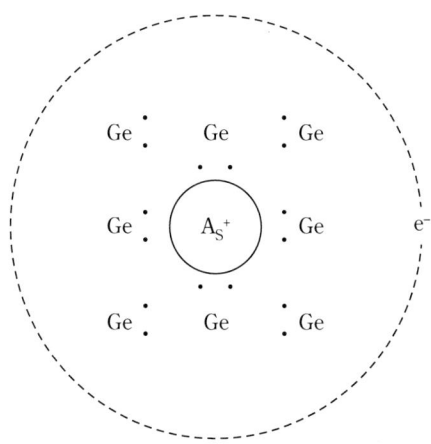

図6 ゲルマニウム (Ge) 中にⅤ族ドナーのヒ素 (As) が入った場合の電子配置

原子（反陽子と陽電子のペアー）がⅢ族アクセプターに相当するわけです。

　ドナー準位は伝導帯に非常に近いので，室温でもこの準位にある電子は簡単に伝導帯へ移ります。これらの電子が電流の主体となる半導体をn型（電子の電荷が負 = negative のところからの命名）半導体といいます。一方，価電子帯に近い位置にできるアクセプター準位は，正孔を容易に価電子帯へ供給します。このような正孔が電流の主体となる半導体をp型（正孔の電荷が正 = positive のところからの命名）といいます。

1・5　半導体中の電子散乱；特定不純物による散乱

　完全な半導体中を動く電子は散乱されることがありません。なぜなら，完全な半導体とは"真空"に他ならないからです。けれども，少しでも不完全性があれば，電子はその不完全性によってテキ面に散乱されます。たとえ不純物がまったくない場合でも，結晶格子が熱振動していれば，これは一種の不完全性

です．大ざっぱに言って，電子は格子振動と不純物とによって散乱されると言ってよいでしょう．この散乱が電気抵抗の原因となります．

　格子の振動というのはよく調べられています．これによる電子の散乱も詳しく研究されています．ところが不純物にはいろいろあって，その分類が必要です．特定の不純物原子を，特定の量だけ入れることをドープすると言います．スポーツ選手に対する薬物のドーピングとよく似ていますね．これを行うためには，ドープする以前の材料を徹底的に高純度にする必要があります．これに成功した者が，半導体技術の勝利者になるのです．

　材料を徹底的にきれいにする方法は，アメリカのベル研究所（電話器を発明したアレクサンダー・グラハム・ベルが創立した会社の研究所です）が開発しました．まず棒状のGe材料をグラファイトのボートに載せて，その一部を高周波加熱によって溶かします．すると周辺の不純物が，この溶かされた部分（帯状になっています）へ流れ込んできます．加熱するヒーター・コイルを動かして行くと，帯状に溶けた部分も一緒に移動して，棒の一端へ行きます．この時，溶け込んでいる不純物も一緒に運ばれます．不純物が一杯集められた部分を取り除くと，高純度の材料が残されるというわけです．

　高純度側の部分には不純物はほとんど含まれていません．この高純度化プロセスを何度も繰り返すことにより，なんと純度が99.999999999%に達する試料が得られました．純度を簡単に言い表すのに，現場の人達は9の数でten nine, eleven nineとかで言い表すそうです．ここまできれいになった材料に，今度は特定の不純物を好きな分量だけドープするのです．そして，この不純物原子1個あたり，どれだけ電子が散乱を受けるかを見るのです．

1・6　サイクロトロン共鳴

　原子核や素粒子を研究するために，加速器というものが使われます．加速器の一つにサイクロトロンというのがあります．荷電粒子（たとえば陽子）に磁

場をかけてグルグル回転させ,この回転周期(サイクロトロン振動数の逆数)と同期する高周波電磁波をかけると,荷電粒子はどんどん加速されます.ということは電磁波のエネルギーを吸収しているのです.こうしてエネルギーを吸収して大きな運動量を持つに至った荷電粒子を別の原子核に衝突させてこれを分裂させ,新しい素粒子を生み出すという方法が初期の高エネルギー物理学の実験では主流になっていました.

この荷電粒子を今度は半導体中の電子で置き換えてみます.電子はどんどん加速され,電磁波のエネルギーを共鳴的に吸収します.その時の共鳴スペクトル吸収線の幅を測定すると,それが電子散乱の確率,すなわち散乱断面積を与えます.数式で書きますと,不純物による電子の散乱断面積を σ,単位時間中の衝突回数を τ,不純物の密度(単位体積中の不純物原子の数)を N とすると

$$1/\tau = Nv\sigma \qquad (1\cdot1)$$

という関係があります.ここで v は電子の平均速度,τ は電子の平均自由時間

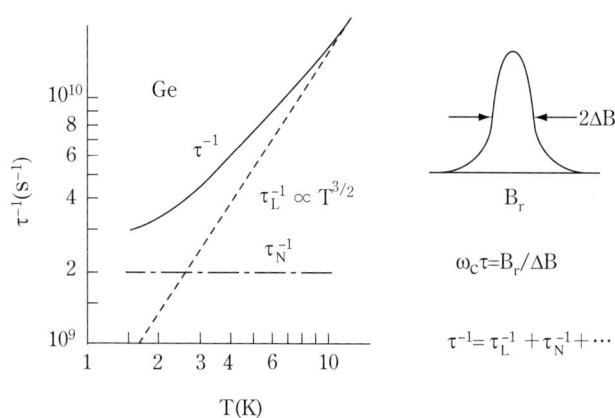

図7 サイクロトロン共鳴吸収線の線幅(電子の衝突頻度 $1/\tau$ に比例)を絶対温度の関数として表したもの.高温部では格子振動による散乱が圧倒的です.低温にするとその影響は減り,不純物による散乱が表に現れます.この不純物による散乱は,原子による電子の散乱に類似しています.

（衝突から衝突までの時間を平均したもの）です．そして吸収線の出る時の磁場の値を B，吸収線の幅を ΔB で表すと，

$$\omega_c \tau = B/\Delta B \qquad (1\cdot 2)$$

という関係のあることがわかりました．ここで ω_c はサイクロトロン振動数といい，高周波の角振動数です．(1・1) と (1・2) から，ある特定の不純物が電子に対してどのような散乱断面積を持つかがわかります．ただし，このとき格子振動による電子散乱の寄与を取り除くことを忘れてはいけません．この寄与は液体ヘリウムの温度ではきわめて僅かです．温度を変えてサイクロトロン共鳴吸収線の線幅を測定すると図7に示すような結果が得られます．高温では格子振動による散乱 ($1/\tau_L$) が支配的ですが，低温になると中性不純物による散乱 ($1/\tau_N$) の効果が現れます．格子振動による散乱効果の寄与はわかっていますから，これを引き去れば不純物による散乱の効果を求めることができます．複雑なようですが，慣れればどうということはありません．こうして特定不純物元素による電子の散乱断面積が実験的に求まるのです．

1・7 不純物による散乱の特徴

　一番基本になるのは，V族ドナーです．これは水素原子と同等なのですから，水素原子による電子散乱がモデルになります．記号では $e^- - H$ 散乱として表します．実際にはドナー（Donor）による散乱だから $e^- - D$ 散乱ですね．つぎに同じくらい基本的なのは，III族アクセプターによる電子の散乱です．これは記号的には $e^- - A$ ですが，電荷の符号を逆転させると $e^+ - D$ になります．原子散乱のモデルだと $e^+ - H$ に相当します．つまり，水素原子による陽電子の散乱です（図8）．

　($e^- - H$) と ($e^+ - H$) とはどちらも理論的に計算されています（図9）．これをGe中のドナーとアクセプターについてのサイクロトロン共鳴の実験と比較すると，びっくりするくらい良く合います．ただし，液体ヘリウムの温度4.2K

1 半導体とは？

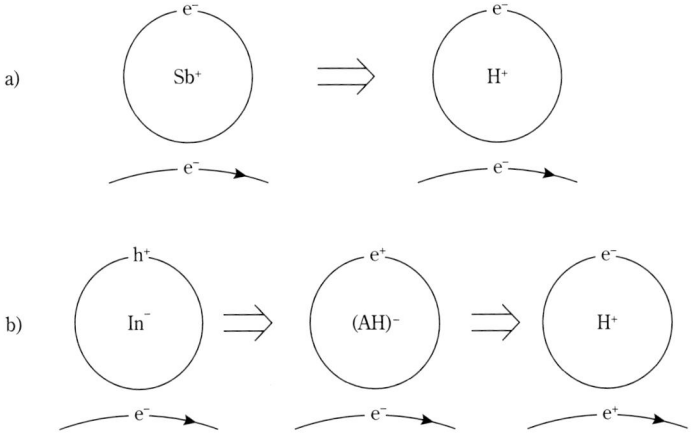

図8 a) 中性ドナー原子 (Sb) による電子散乱は, モデル的には水素原子による電子散乱と同等です.
b) 中性アクセプター原子 (In) による電子散乱は, モデル的には反水素原子による陽電子散乱と同等です.

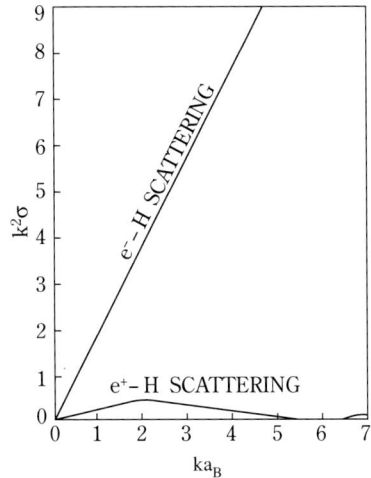

図9 水素原子による電子の散乱断面積 (σ) に電子の波数 k (単位の長さの中に立つ物質波の波長の数) の2乗をかけた量 (無名数) を電子の波数 k とボーア半径 a_B (水素原子の半径) の積 (これも無名数) の関数として表したグラフ. 同じことを陽電子が水素原子によって散乱される場合も示してあります. 大きさの異常なまでの違いに注目しましょう.

15

では (e^- – D) の方が (e^- – A) よりおよそ10倍ほど大きいです．Si中のドナーと，アクセプターとになると，差はもっと大きくなり，比率が50程度になります（図10, 図11）．

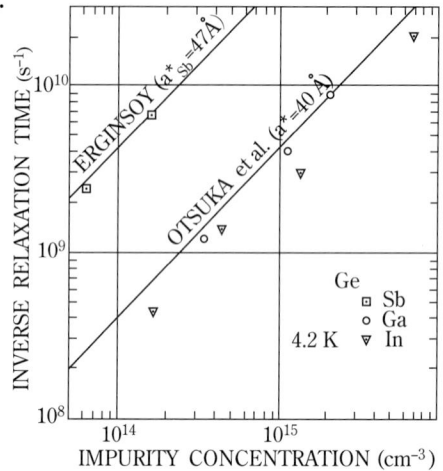

図10 ゲルマニウム（Ge）にドープされたV族ドナー（Sb）とⅢ族アクセプター（Ga,In）による電子散乱効果の比較．縦軸は衝突回数，横軸は不純物の濃度を与えています．

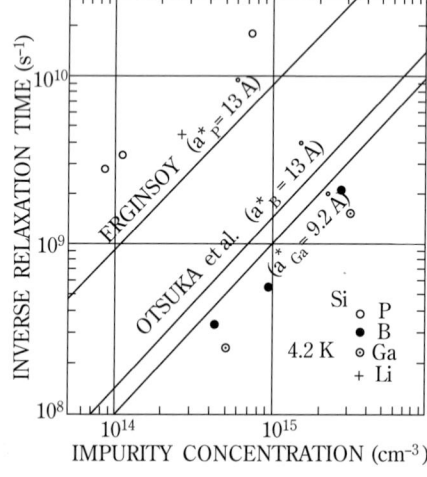

図11 シリコン（Si）にドープされたV族ドナー（P）とⅢ族アクセプター（B,Ga），そしてⅠ族ドナー（Li）による電子散乱効果の比較．

図10はGeの場合で，ドナーとしてSb，アクセプターとしてGa, Inをドープした場合を示します．斜めの実線は水素原子モデルにもとづいた計算値で，上はErginsoyという人がドナーに対して与えた計算式に有効ボーア半径としてSbの47Åを，下は筆者らがアクセプターに対して与えた計算式に有効ボーア半径としてGa, Inの場合を代表する40Åを入れたものです．

図11のSiの場合についても同様ですが，I族のLi（ドナー）による散乱効果も含まれています．

SiとGeとで，どうしてこんなに差が生じるのかといいますと，実は電子と正孔との間に質量の違いがあり，その違いが大きいほど，電子散乱にも違いが生じるのです．半導体にもいろいろあって，後に述べる化合物半導体GaAsになりますと，ドナーとアクセプターの散乱断面積の違いが100倍以上にもなります．図12には同程度の不純物を含んだn型GaAsとp型GaAsとでサイクロトロン共鳴の線幅がいかに大きく違ってくるかを示してあります．

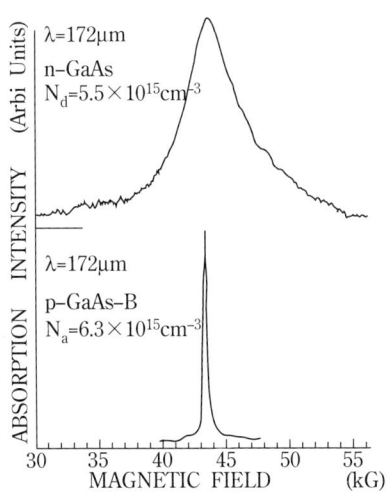

図12 化合物半導体GaAsにおける電子サイクロトロン共鳴線をn型とp型とで比較したもの．同じ程度の不純物濃度なのに，n型ではp型より遙かに幅が広い．

電子と陽電子とは質量が同じなのに、どうして半導体中の電子と正孔とでは質量が違ってくるのでしょう？

これはアナロジーの限界です．半導体中の電子や正孔では、質量といっても生の質量ではなく、結晶の周期性を繰り込んだ有効質量というものなのです．概して電子の有効質量は正孔の有効質量より小さいのが普通です．場合によっては1/100ほどになることがあります．

1・8　p-n接合

半導体のn型のものと，p型のものとを接合させたものに電場（電界）をかけ

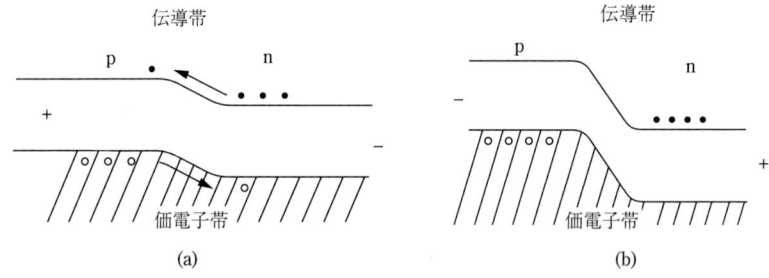

図13　p-n接合にバイアス電圧をかけた場合　（a）順方向　（b）逆方向

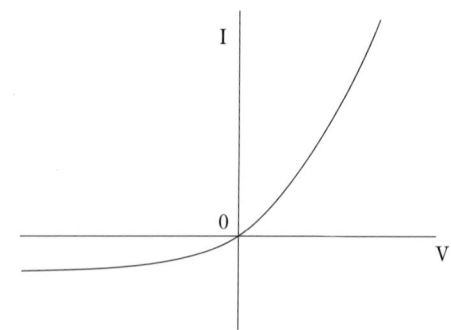

図14　p-n接合の電流・電圧特性

18

ると，電場の向きによって，電流が流れたり，流れなかったりします（図13，14）．これを整流作用といいます．電流の流れる方向を順方向，流れない方向を逆方向といいます．昔の2極真空管になぞらえて，ダイオード（diode）と呼ぶことが多いです．ダイオードには整流作用の他，発振するもの，光を発する発光ダイオードというものがあります．このようなダイオードの工学的応用は革命的な成果をもたらすのですが，ここではあまり立ち入らないことにします．

1・9　金属と半導体の接触

金属と半導体が接触した場合，界面のところでいろいろなことが起こります．電子準位の最高部をフェルミ準位といい，ギリシャ文字の ξ で表すことがあります．金属と半導体が独立な場合と接触した場合についての電子構造を図15に示します．金属から電子を真空中に取り出すのに必要なエネルギー，つまり仕事の大きさを仕事関数と呼んで，ϕ で表すことがあります．接触した場合には仕事関数の差が，金属から半導体（真空に相当）へ電子を移すための仕事となります．この話はII部で，半導体中の電子・正孔液滴の振舞いを論ずる時に再登場します．

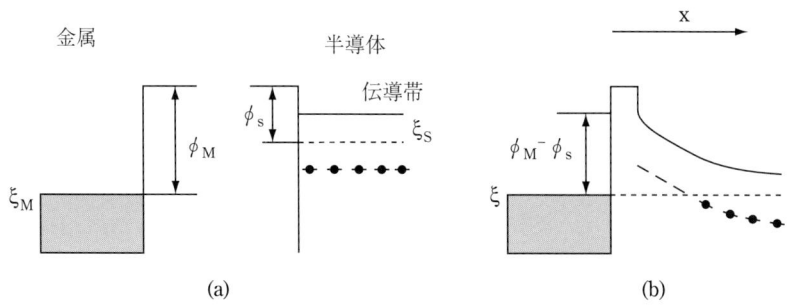

図15　金属と n 型半導体のフェルミ・エネルギーと仕事関数
　　　（a）独立な場合　（b）接合を作った場合

元素と呼ばれる物質の基本的な要素（原子）には，原子核の回りの電子構造に周期的な規則があります．それに基づいて，元素の周期律表というものが，ロシアのメンデレーフ（Mendelev, 1834～1907）という化学者によって作られました．この人の名前は皆さんも聞いたことがあると思います．原子を構成する電子のエネルギー準位は低い方から 1s, 2s, 2p, 3s, 3p, 3d…と名づけられます．1s, 2s 準位には電子が2個，2p, 3p 準位にはそれぞれ電子が6個入れば満員となります．

　ダイアモンド，シリコン，ゲルマニウムのようなIV族元素は共有結合を形成します．IV族なので，結合にあずかる価電子の数は4個です．したがって，ダイアモンド（炭素）では，$(2s)^2(2p)^2$，シリコンでは，$(3s)^2(3p)^2$，ゲルマニウムでは，$(4s)^2(4p)^2$ という具合に電子が詰まります．

　原子番号にしたがって，ダイアモンドには本来6個，シリコンには12個，ゲルマニウムには32個の電子が配置されていますが，共有結合に参加するのは，いずれも4個の電子だけです．その配置は3個の元素で，それぞれ $(2s)^2(2p)^2$, $(3s)^2(3p)^2$, $(4s)^2(4p)^2$ となります．

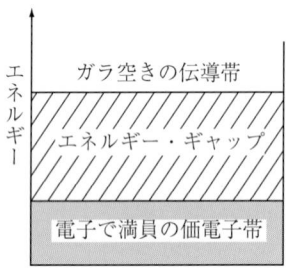

　共有結合が完成しますと，本文中にあるように，エネルギー・ギャップを持つ半導体が生まれます．もっとも，本当に半導体といえるのは，IV族元素の中ではシリコンとゲルマニウムだけで，ダイアモンドはエネルギー・ギャップが大きすぎるために，むしろ絶縁体といったほうがよいようです．しかし，ダイアモンドもエネルギー・ギャップが大きい半導体とみなすべきだという根強い見解を持つ人もいます．けれども一般常識としては，ギャップが 2～10eV のものを絶縁体，2eV 以下のものを半導体と呼ぶようです．ダイアモンドではギャップの大きさが 5eV 程度，シリコンでは 1.1eV，ゲルマニウムでは 0.7eV 程度です．

2 エクシトン登場

2・1 エクシトンとは？

　電子と陽電子とは，ガンマー線によってペアーとして誕生し，おたがいに反対符号の電荷を持っているところから引きつけ合います．ちょうど正の電荷を持った陽子が負の電荷を持った電子を引きつけて水素原子を作るように，陽電子は電子を引きつけてペアーを作り，水素原子とよく似たポジトロニウムというものを作ります．水素原子と違っているのは，陽電子が陽子と比べて1/1,840の質量しか持っていないということです．

　正孔と電子のペアーは正孔の方がやや質量が大きいので，ポジトロニウムよりは水素原子との類似が著しいといえましょう．ポジトロニウムを区別するために，こちらのペアーが作る水素電子様の構成体をエクシトン（励起子）と名づけます．価電子帯から電子を励起（エクサイト）するというプロセスに関与するという意味です．

　エクシトンは水素原子と同じようにエネルギー準位を持ちます．1sとか2pとかいう準位の名称も同じです．

　水素原子は2個寄ると水素分子を作ります．ポジトロニウムも2個寄ってポジトロニウム分子を作るのではないかといわれ，結合エネルギーも計算されています．しかし実験的確認は未だ無いようです．

2・2　電子・正孔液滴　EHD

　これに対してエクシトンが分子を作るという話が実験的に先行しました．舞台はSiです．しかし実験結果の解釈に異論が出ました．報告者が分子だと思ったのは実際には電子・正孔が高密度に集合して，一種のプラズマ状態を作って

いるものらしいということがわかってきました．このプラズマは液体と同じように凝集力を持ち，水滴に似たものを作ります．この凝集体が電子・正孔液滴，英語ではElectron-Hole Drop…略してEHDなのです．水滴と同じように，EHDには蒸発しやすい傾向があります．蒸発は液滴から電子・正孔ペアーが離脱することを意味します．このときの仕事関数（ペアーを1個引き出すに要するエネルギー）も測定されました．Ge中のEHDでは1.8meV, Si中のそれは少し大きくて8.2meVです．液体である以上，表面張力もあります．Ge中のEHDについてしか測られていませんが，10^{-4}dyn・cmの程度だということです．

　EHDはGe中で最初に確認され，やがてSi中でも見出されます．前者の方が安定で，寿命は〜50μs, 後者では〜0.1μsしか生きていません．大きさ（半径）はGe中で1〜10μm, Si中では〜100nmの程度です．EHDを構成する電子・正孔ペアーの密度は

　　　　　Ge中で2×10^{17}cm^{-3}

　　　　　Si中で3×10^{18}cm^{-3}

と報告されています．

2・3　巨大電子・正孔液滴

　電子・正孔液滴の大きさは，Ge中で精々10μm以下の径しか持ちません．ところが，工夫をすると1mm程度にまで大きくすることができます．このくらいの大きさになると，電子・正孔ペアーが消滅する際に出す光を肉眼で観測することもできます．肉眼といっても，発光波長が赤外域ですから，赤外線カメラの助けを借りなければなりません．

　EHDを大きくする工夫というのは，不均一な一軸性圧力を試料の一部に加えることです．

　直径が5mm程度の，背の低い円柱状のGe試料の縁をプラスチックのビスで圧迫します．すると圧迫された箇所の周辺に，歪みポテンシャルの窪みができ

るのです．ここで試料に光を照射してたくさんの電子・正孔ペアーを作ります．無論，液体ヘリウム中における低温での舞台です．すると，でき上がったエクシトンや通常サイズのEHDは，少しでも安住の地を得ようとして，歪みポテンシャルの低い場所へ流れ込んで行きます．そしてどんどん大きな集合体を作り，径が〜0.5mmにも達するのです．暗黒の宇宙空間の中で星が輝いているのを思わせる光球です．まさに星といってもよいでしょう．

　この"天体"の周囲には大気層に相当するエクシトン・ガスの分布があります．地球の周囲に，重力で引きつけられている大気層があるのと同様に，エクシトン・ガスがEHD本体を取り囲んでいます．このガスはEHDの束縛から逃れようとしても，すぐに引き戻されてしまいます．ガス層の厚さは，EHDのサイズにもよりますが，半径が300μmのとき，ガスの密度がEHD表面での値の1/3程度になるまでの距離が，およそ90μmです．この90μmの壁を挟んで内側が対流圏，外側が成層圏に当たるといったら，いい加減にしてくれと叱られるでしょうか？

3 締めくくりに 半導体—それは物質と反物質とが共存する世界

　半導体中の正孔とは，陽電子に相当する粒子（といっても電子の抜け穴に過ぎませんが）で，反物質モデルの第一歩でした．

　一方現実の世界に反物質として最初に導入された陽電子は，これまた本当の反物質の第一歩に過ぎませんでした．

　陽電子の次に見つかった反物質が反陽子（陽子は正電荷を帯びていますが，反陽子は陽子と同じ質量を持ちながら負電荷を帯びている）でした．この反陽子が陽電子を捕らえると，反水素原子が構成されます．つまり水素原子の反物質です．これは人工的に作られました．周囲の物質と反応して消滅するので，僅か37nsしか生きられませんでしたが，立派に存在しました．

　電子と陽電子とがペアーになって水素原子様のポジトロニウム原子を作るのなら，少し重たいけれども，陽子と反陽子とがペアーになってもよいのではないかという発想が生まれるのは当然です．これがポジトロニウムならぬプロトニウム（陽子すなわちプロトンが主体になっているところからこの命名）です．この発想は現実のものとなり，その存在が確認されました．ポジトロニウムと違う点は，構成粒子が重いということと，構成粒子（陽子と反陽子）間の距離が，57.6fm（フェムトメートル，1億メートルの1億分の10）という短いものだということです．陽子と反陽子とはおたがいに反物質どうしですから，出会えば相消滅します．これは電子と陽電子とが相消滅するのと同じ過程です．ただしポジトロニウムは1兆分の10秒くらいは生きているのですが，プロトニウムが生きている時間はその1/1,000以下です．

　陽電子に正孔が対応したように，陽子にはドナー・イオン（たとえばGe中のAs$^+$）が対応します．一方反陽子に当たるのがアクセプター・イオン（Ge中のGa$^-$）です．As$^+$とGa$^-$とは陽子と反陽子ですから，これらが引き合って合体し，As$^+$Ga$^-$というペアーを作ることもあるでしょう．これが疑似プロトニウムで

す．本物のプロトニウムと違っている点は，前者が100兆分の1秒しか生きられないのに，こちらは永久に生き続ける点です．普通にはAs^+とGa^-とが相消滅するということは有り得ません．しかし本当に疑似プロトニウムは永久に生き続けるのでしょうか？

　答はノーです．気が遠くなるほど長い時間待てば，これらも消滅し合うのです．というのは，Asの原子核が崩壊して中性子を放出すると，これがGeになります．一方Gaの原子核が中性子を吸収すると，これもGeに変貌するのです．つまり，上記のイオン・ペアは2個のGe原子に変貌してしまいました．これは母体のGe結晶すなわち"真空"の一部に他なりません．陽子と反陽子とが相消滅すれば，後には真空だけしか残りませんが，まさにそのプロセスが再現されることになります．軽い電子と陽電子の物質・反物質関係のモデルだけでなく，重い陽子と反陽子の間における物質・反物質関係のモデルも半導体中には存在するということです．

　この世の中には物質ばかりあって，反物質は人工的に作らない限り存在しません．しかし，宇宙が誕生した直後には，物質と反物質とが等量に存在したのだと主張する人々がいます．その主張が本当かどうかはわかりません．この物質・反物質の共存世界に何らかの異変があり，物質だけの世界と反物質だけの世界に分離したという仮説は，真偽はともかく，魅力的ではあります．この話題について半導体の世界に類似を求めるなら，さしずめn型半導体とp型半導体とが対応するでしょう．n型半導体が物質世界なら，p型半導体が反物質世界ということになります．反物質世界では，個々の反物質も安全を保証されており，永久に生き続けます．こんなことが現実の世界にあるのでしょうか？どこか遠い遠い星雲が，反物質ばかりで成り立っている恒星や惑星を抱えているかも知れないと考えるだけでもゾクゾクするではありませんか．仮に超高速の宇宙ロケットが開発されたとして，そのロケットに乗せてもらって反物質の世界を探検しようという気になりますか？私は真っ平ご免です．なぜって？それは答えるまでもないでしょう．

II部　電子・正孔液滴
(Electron-Hole Drop)

初出:「固体物理」Vol.14. No.3 〜 No.8（1979年，アグネ技術センター発行）

1 半導体宇宙への旅のはじまり

1・1 電子・正孔液滴（Electron-Hole Drop）との出会い

　夜空になぜか星はまばらです．気晴らしに自家用宇宙艇を駆って，私は闇の空間へ飛び立ちました．漆黒の周囲に倦きて，手近な星を目指します．いつしか私の艇は純白の星にたどりつきました．これが星かしら．彼方から私を招いていた星の光は雪の面からの反射だったのではないか．私の疑問を見透かしたのか，突如として星が語りかけました．
　"わたしは金平糖よ"

　目をこすって私は艇のエンジンをふたたび始動させます．今度はだまされないぞ．本物の星をさがすのだ．突然周囲が明るくなり，間違いなく大きな恒星の近くにきています．だが待てよ．この星なら知っている．Siriusだ．大犬座のボスで，最近は小犬座にまで勢力を拡張し，おかげで小犬座の座長Procionは影が薄くなっている．この種の星は性に合わぬ．通過しよう．すると，Siriusが声をかけてきました．

"オーイ. 吾輩のところのプラズマショーを見て行かないか. 大したものだぜ."

空耳つぶして艇をやおら走らせると, 何だか艇が小きざみに震えはじめました. 走行に差しつかえるほどではありませんが, 周期的に軽いショックを感じているようです. しかも時々ガツンと揺れたりします. 目をこらすと, 暗黒の空間には縞目に似た模様が動いています. そしてその縞目がだんだんはっきりしてくると, その間を数条の青白い —— と私は感じた —— 光条が走り, やがて光芒に成長しました. まぶしくて縞目はもう見分けがつきません. 新しい天体に着いたようです. しかしどうでしょう, この光の色は. 最初青白いと感じたのですが, たくさんの波長の光が重なってできる白色光とはまるで違います. ひとつのきまった波長をもった光に違いありません. だが可視光にこんな色は無かったはずだ. 自分の眼がどうかしたのかな. 考えこんでいると, 気を利かしたのか, この未知の天体は自ら名乗りを上げてくれました.

"ぼくの名はElectron-Hole Drop. 君の宇宙艇は半導体の結晶空間に迷いこんだのさ"

もう少しで私は大きな声を発するところでした. ちょっとした気晴らしの散歩が, 大変なことになってしまった. ひょっとすると, もう地球へ戻れないのではないか.

"心配することはない. 君の方で, ぼくと付き合うのがいやだとはっきり意志表示すれば, たちどころに地上に戻れるから."

Electron-Hole Dropと名乗る星は, 私の心中が見通しなのか, ソフトな声で語りかけます. この声を聞いたとき, 私はElectron-Hole Drop星の発する青白いような光に, 言い知れぬぬくもりを感じました. 魔法にかけられたように私の決心は素直でした.

"いや, せっかく君に会えたんだから, 君さえよければ, しばらくここで休ま

せてもらうよ．あわてて地球へ戻ったところで，「固体物理」の原稿を書かされるくらいが関の山だからね．"

まったくこれは私の真情でした．それに，迷いこんだのが半導体の結晶空間だったというのも，私が気をそそられたひとつの大きな理由です．半導体という相手には，沙婆における私の生活でもしばしばお目にかかっており，満更知らぬ仲ではなかったからです．Electron-Hole Drop君——長いのでこれからはDrop君と略させてもらいましょう——は，ニッコリして（音声から判断するのです）

　"よかろう．たいしたもてなしもできないけれど，君の知りたいことは何でも答えてあげる．近所を散歩しても結構面白いし，ぼくの体内は自分の家だと思ってくれていい．Make yourself comfortable！"

　"ありがとう．何はともあれ知っておきたいんだが，ここは何という結晶の中だい．"

　"ゲルマニウム．例のトランジスターに使う材料さ．もっとも最近はシリコンの方が主だがね．ぼくたちにとって一番居心地がいいのはゲルマニウムなので，ついついここに居を構えてしまうのさ．"

　"へえ．こんなにでかいゲルマニウムがあるとは知らなかった．1グラムが500円として，地球まで運べば……．"

　"浅ましい計算をするなよ．君はいま体長10Åのミクロ人間になってしまっていることを忘れるんじゃない．この世界はたかだか数ミリメートルで端に到達さ．"

急に私は情けなくなりました．大人国のガリバーどころの話ではない．いったい何の魔術でこんな心細いことに……．

　"君って善人だなあ．そんなに悄気ることはない．いくらミニサイズになったからって，誰も君に危害を加えたりはしない．至って平和な世界だよ．異変と

いえばときどきphononの風が吹くけれど君は部外者だから知らん顔をしておればそれで済むよ."

"ぼくは,君が大きな星だとばかり思っていたよ."

"アハハハ.まあ自分では星の同類でいるつもりだがね.人間諸氏はいろいろ言うようだな.しかし,君がせっかく星だと思ってくれたのだから,ぼくはそのイメージを大切にしたいね.中国人の宇宙像を持ち出すまでもなく,大きい小さいなんてのはおよそナンセンスだからさ."

Drop君の口調は次第に滑らかになってきます.自分のいる場所がわかった私は,当然の順序としてDrop君の素性が気になります.心得たもので,彼は次のような自己紹介をしてくれました.

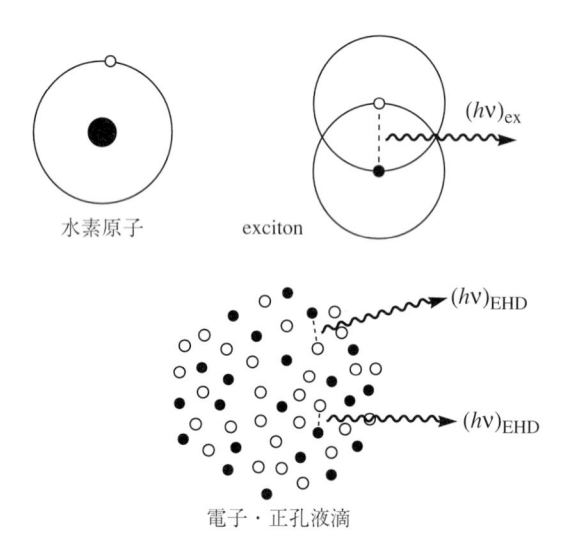

第1図 水素原子,exciton,電子・正孔液滴のモデル図.
正孔●と電子○とが再結合するときに発光する.

ぼくが誕生するには，いろいろな条件があってね．舞台は半導体でないといけない．半導体の特徴は電子のエネルギー状態にホラ，価電子帯と伝導帯とがあって，その間に有限のギャップがあることさ．このギャップを越えるようなエネルギーを持った光を半導体に照射すると，伝導帯には電子が，価電子帯には正孔ができる．これらは反対符号の電荷をもっているから，当然その間にはクーロン引力がはたらいて，水素原子様の準粒子ができる．つまり exciton（エクシトン）という奴さ．exciton と似た準粒子には半導体の外でも出会うことができる．positronium（ポジトロニウム）というのがそれで，陽電子が正孔にあたる．いや，むしろ positronium の方が本家で，exciton の方がアナロジーだから正孔が陽電子にあたると言った方が，妥当だろう．

　ところで，この exciton がぼく，すなわち，electron-hole drop をつくるもとになる．つまり，宇宙空間をさまよう星間物質が凝集して，やがて恒星になるように，exciton が数多く一箇所に集ってくると，ぼくが誕生する．結局ぼく自身は exciton の集合体みたいなものなんだけれど，ちょっとこの表現はまずいんだなあ．

　星間物質ってのは，バラバラでいるときには，宇宙空間の 3K の background radiation にさらされるだけで，いわば cold gas なんだけれど，いったん恒星をつくってしまうと，とてつもない高温のプラズマに化けてしまう．それと同じように，exciton も，たくさんが一度合体してしまうと，もはや個々の exciton としての性質は無くなって電子と正孔とがバラバラになった一種のプラズマ状態が発生する．

　電子と正孔とは，互いに反物質だから，呼吸さえ合えば簡単に再結合して光を出す．これは電子と陽電子とが出会うと消滅して γ 線を出すのに相当する．違うのは発光の波長だけだね．電子と正孔の場合は，ゲルマニウム中では，近赤外域になる．エネルギーにすると，0.7eV くらいだ．ぼくの体内のあちこちで，電子と正孔とが再結合して発光するので，星のように光るわけだ．もともと中性だった exciton が集ったぼくのことだから全体的に電子と正孔の数が釣

合っていて，いつかは，すべての対について消滅が起こるから，そのときが，ぼくの寿命の終わり．あとには何も残らない．この点は恒星のなれの果てよりさっぱりしているね．あちらの方は残り滓(かす)があるからな．

　ところで，ぼくの特徴は，電子と正孔の対の総数は時々刻々変化しているのだが，きまった体積中の数，つまり密度が一定しているということだ．これは君，ぼくのセールス・ポイントのひとつだよ．プラズマでも，いわゆるgas plasmaでなく，むしろliquidといった方がよい．したがって表面張力だの，excitonが蒸発するときの仕事関数だのという概念が意味を持ってくる．つまり，星に似た要素があると思えば，君たちが日常触れている水滴なんかと共通した取り扱いができる面もあるんだ．もっともliquidといっても，分子のつくる液体ではなく，Fermi liquidという，ちょっぴり高級なものだけれどね．

　ついでにもうひとつ言わせてもらうけれど，ぼくの身体は，さっきも言ったように，もとをただせばexcitonだろう．excitonというのは，要するに水素原子みたいなもので，量子力学の一番基本的な応用対象と考えていい．electron-hole dropだ，plasmaだといっても結局はその延長に過ぎない．だからぼくの血筋は，量子力学家の直系と見るのが正しい見方だ．それも素直でありながら変化に富んでいて，しかも夾雑物が無いというところが，そんじょそこいらの星や水滴とは違うところだ．まあ，あまり自慢はするものじゃないけれど，君になら気を許して物を言ってもよさそうだからな．アハハハハ……．

　一気にDrop君がまくし立てるのを，うなずきながら聞いていたのですが，ここまできた途端に，私は急にぐらぐらと目まいを覚えました．

　量子力学！　これがいけなかったのです．誰にでも学校時代に，できの悪い課目で苦労した思い出はあるものです．私の場合，内山竜雄先生のとうとうたる講義内容について行けず，試験のあとで，"全員落第だ！"という先生の大音声を教室で聞いたときのみじめさが未だに忘れられないのです．日頃は，それでも，弱みをかくして，このHamiltonianの固有値は……なんてことをしたり

顔で口にしていますが，それは知っている結果と短絡した話を展開できる場合にかぎります．たった今のように，文字通り天涯孤独，周囲に参考書もないし，演習問題の簡単なものすらまともに解けない実力が，どうせDrop君にはお見通しなのだと思うと，私の身長は10Åから1Åくらいにまで縮んでしまいました．

そんな私の気持ちを無視して，Drop君のおしゃべりは続きます．

"要約すると，ぼくの存在に物理屋さんたちが興味をもつ理由は
1) 物質・反物質のアナロジーが使えるプラズマ模型だということ，これは宇宙論にまで及ぶことだね．
2) 水滴や油滴のように，日常的対象物との間にもアナロジーを求めることができること，つまり茶の間の科学としての素質があるってことかな
3) 量子力学の一番基本的なところに絶えず立ち返ってhandlingをしなくてはならないということ

の3点に帰着するのじゃないかな．まあ，このひとつひとつについては，もう少し立ち入った話をすすめないとわかってもらえないと思うけれど，ともかくざっとした自己紹介をする際には，欠かすことのできない紹介のポイントだよ．

あ，そうだ．ぼくの名前なんだけど……Electron-Hole Dropなんてのはバタ臭くっていやだと言うのなら，そう，日本人の諸氏は電子・正孔液滴と呼んでいるようだ．しかしこれは直訳で，あまりいただけないな．同じ呼ぶならエレキの雫とか，いかづちの玉露とか，もうちとアピールする名があったろうに．文学的表現はしばしば科学の厳密さを犠牲にする，などという頑迷な連中が多いんだな，君の国には．おかげで，ぼくもなかなか茶の間の話題にまで発展するチャンスを見つけにくくてね．

実をいうと，ぼくの存在を一番最初に予言したのはロシア人のKeldysh[1]なんだ．もっともそれ以前に，アメリカ人のHaynesともお目にかかっているんだが，彼はぼくのことをexciton分子ととり違えてしまってね[2]．アメリカ大陸の発見史になぞらえると，さしずめHaynesがコロンブスに，それからKeldyshが

アメリゴに当るのかな．コロンブスは西インド諸島をアジアのインドと間違えたって話だからな．"

"君を見つけるのに，そんな歴史的いきさつがあったとは面白いね．もう少し順序立てて話してくれないか．"

やっと口をはさむきっかけを見つけて私は申しました．量子力学はわからなくても，歴史の話なら単純に理解ができそうだし，正直のところ，話題をちょっと和げてほしかったのです．それともうひとつ，Drop君の言ったexciton分子という名に妙にひっかかったのです．先ほどからDrop君はexcitonのことを水素原子だとさかんに言うのですが，それなら水素分子にあたるexciton分子はなぜできないのかと薄々思っていたのです．大体地上の実験室でも，水素ガスは分子でできているのが普通で，水素原子などというものは，発生期の水素とかいう状態の，きわめて特別な場合にしか付き合えないものだということを中学校で習いました．大学で学んだことは，試験がすむとたちまち忘れてしまいますが，幼児体験は違います．このあたりなら，Drop君と互角に渡り合えるのではないか，と私は坐り直しました．

Drop君は大きくうなずいて（彼からの発光が上下したのでそれとわかりました）続けます．

"excitonが見出される以前にも，その原型であるpositroniumが分子をつくるという話はあった．positronium moleculeという奴だ．これのbinding energyを計算したのはHyleraas-Ore[3]で，Hyleraasは水素分子の変分理論でお馴染みの名前だろう．論文は1947年にでているんだが，愉快なことにHyleraasはpositroniumに対するelectron affinityまでちゃんと計算して，並べて発表している[4]．H_2があってH_2^+があるのなら，当然のアナロジーだけれどね．もっとも，こうしたpositroniumのcomplexについてをあれこれ言い出したのはWheelerで1946年にアイディアをチャッカリ公表している[5]．第2次大戦も終

わったことだし，少々浮世ばなれしたことをやり始めてもよかろうという雰囲気が出た途端だ，ハハハ．

ところがだ．positroniumってのは，理屈はともかく，まとめて実際にhandlingできるような代物じゃない．いわばアイディアの遊びみたいなところもあったんだが，固体中でexcitonが見つかると俄然様子が変わってきた．H_2やH_2^+に相当するex_2, ex_2^+の類に現実性があるということをLampert[6]が言い出したのだ．たしか1958年のことだったかな．excitonというのは簡単に作れて，しかも寿命が長いときてるから，ここにLampertは目をつけたと言える．美しい自然を，ことのほか楽しいものにすることができるという点で，半導体という世界は実に素晴らしいねえ．"

1・2　電子・正孔液滴概念の確立まで－エクシトン（励起子）とエクシトン分子

Drop君のお国自慢に，私は別段共感する義理もないのですが，いったいpositronium moleculeに相当するexciton分子が見つかったのか，見つからないのか，大いに気になって，次の言葉を待ちます．

"1966年になってHaynesは，3K以下に冷やしたシリコン中でexciton分子を発見したという報告を出した[2]．これは発光スペクトルの励起光強度依存性から結論した結果なんだ．"

このとき，突然，ゲルマニウムの結晶空間中に第2図がくっきり浮かび上がりました．夜空のスクリーンに映画を見るようで，内容よりも，その美しさに私はしばし呆然としたものです．

"Haynesの見たシリコンからの発光スペクトルだよ．Aというのがexcitonが消滅するときの発光線でこれはband-gapを越えるエネルギーをもった励起光の

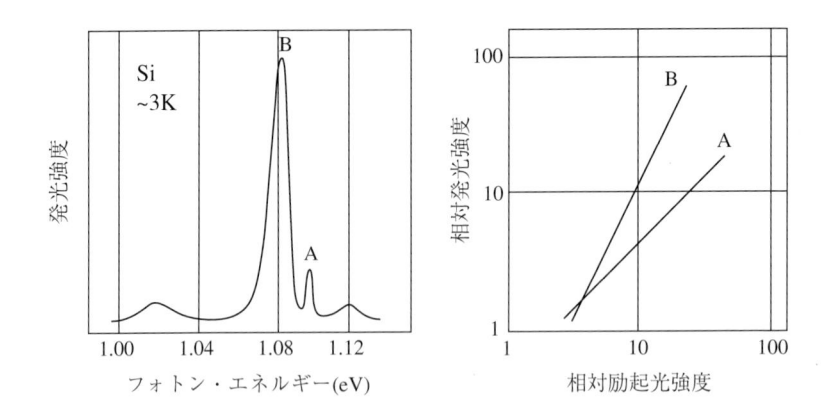

第2図　HaynesによるSiからの発光スペクトル
右側はA，B両発光線の励起光強度依存性を示す．Aはexcitonによる発光であるが，Bについてはexciton分子からの発光，とHaynesは結論した．

強度に比例することは容易に想像がつくだろう．この線のことは以前からよく知られていたのだが，Haynesはこのexcitonの発光とは別のエネルギー域に，励起光強度の2乗に比例するような発光強度をもつ新しい発光を見つけたのだ．つまりBで表したのがそれだ．右側のグラフには，横軸に相対励起光強度，縦軸にA，Bの相対発光強度を，それぞれ対数目盛で書いてある．ここで誰しも思いつくことは

$$H + H \rightleftarrows H_2$$

という化学反応にならって

$$ex + ex \rightleftarrows ex_2$$

というプロセスを考えることだ．質量作用の法則でexcitonと，exciton分子の濃度を，それぞれ〔ex〕，〔ex$_2$〕で表すと

$$[ex]^2 = 定数 [ex_2]$$

になるはずだ．この関係から，もし新しい発光の正体がexciton分子だということなら，励起光の2乗に比例するこの発光強度が説明できるというものさ．"

　ああ，あのことか，と私は思い当ります．質量作用の法則．いったい何が質

量の作用なのか，さっぱりつかめませんでしたが，化学の先生が，お構いなしに私たちにおしつけた法則にそんなのがありました．Law of mass action. 内容を説明するかわりに，英語を黒板に書かれてそれでおしまいでしたが，こんなところで実地にお目にかかろうとは．でも，これがわかったことにしておかないと，Drop君の説明について行けません．それともうひとつ，私には合点が行かぬことがあったので，ここぞとばかり口をはさむことにしました．

"3K以下でしか分子ができないというのはどういうわけだい？ H_2 なら数100Kでも安定なはずだけれど．"

"非常によい質問だ．分子に限らず，exciton自体も，実は高温では存在し得ないんだ．というのは，excitonのbinding energyはpositroniumとのアナロジーから考えないといけない．後者のbinding energyは6.8 eVで，ちょうど水素原子のイオン化エネルギーの半分になる．水素原子のイオン化エネルギーというのは，$e^4\mu/2\hbar^2$ だが，このμ というのは電子と陽子との還元質量を表す．positroniumの場合は，質量の等しい電子と陽電子との還元質量だからμ が電子質量の半分になる．この6.8eVというのは温度になおすと80,000K近い値になるが，excitonに適用する場合には，ちょっとしたscalingが必要になる．まず電子と，正孔との還元質量を考えなければならないことと，誘電体の中でCoulumb potentialを考えなければならないということで，binding energyは $e^2(e/\kappa)^2\mu^*/2\hbar^2$ と書かれる．ここでκ というのは誘電率でゲルマニウムなら15.4，シリコンなら11.4という値だ．μ^* の方はまたいろいろとややこしい．固体中の電子だの正孔だのは，質量といっても有効質量という奴を使わないといけないし，電子と正孔とでは，その大きさもいちいち違ってくるからな．まあ，細かいことには目をつぶるとして，上の値は，たかだか数meVにしかならない．ということは，少し温度を上げれば，excitonはたちまち電子と正孔とに解離してしまうことになる．"

"それでも，3Kといえば0.26meVにしか相当しないじゃないか．数meVがbinding energyなんだったら30Kくらいまでは解離しなくて済むはずだ．"

次第に自分のペースを取り戻してきたので，私は執ように絡みます．

"君の換算は正しい．いま言ったのはexcitonの解離エネルギーで，exciton分子の解離エネルギーはもっと小さい．水素分子の解離エネルギーは4.48eVで水素原子のイオン化エネルギーより小さいことに対応している．Hyleraas-Oreの計算によると，positronium moleculeのbinding energyは0.11eVだということだ．[3]"

"......................．"

私にはちょっと解せませんでした．水素原子のイオン化エネルギーが13.6eVで，水素分子の解離エネルギーが4.48eVというなら，たかだか3倍程度の違いです．それだのにpositroniumの場合になると6.8eVと0.11eVと60倍から違うというのは何かおかしいのではないでしょうか．しかし，これ以上質問を繰り返すべきかどうか私は迷いました．Drop君は目ざとく私の様子を判じて付け加えます．

"positroniumやexcitonが水素原子と似ていると言っても，それは電荷の点で似ているのであって，陽子と陽電子とでは質量がとことん違うことを忘れちゃいけないよ．positronium moleculeになると，話はこみ入ってくるんだよ．ここでは，Born-Oppenheimer流の断熱近似は使えなくて，純粋な4体問題を考えないといけなくなってくる．水素分子の夢をもう一度といっても，Heitler-Londonでなしに Hyleraas が出てくるのもその辺に由来があるのだ．"

私は急いでうなずき，わかったふりをしました．Drop君はこの説明に今はあまりこだわりたくない風ですし，私も同様だったからです．要するに，excitonは低温でないと，観測しにくいし，exciton分子に至ってはさらに低温でしかその存在を期待できないということらしいです．

"そういうわけで，Haynesはシリコン中に，exciton分子を見つけたと信じて，先の実験結果をPhysical Review Letters誌に投稿し，休暇旅行に出かけたんだが，それきり戻らなかった．"

"どういうことだ？"

"旅行先で急死してしまったんだ．心臓発作だったかな，ヨットを運転中の．彼はBell研究所の人で，トランジスターを発明したBrattain, Bardeen, Shockleyらとも親友どうしだったらしい．折から1966年の半導体国際会議が京都であってさ，BrattainがOpening sessionの終わりに彼の死を聴衆に報告して黙とうをうながしたっけ．A moment of silence．君たち日本人が毎年8月15日の正午にやるあれさ．"

何だか変な話になってきました．Drop君が8月15日のことを知っているのは驚きでしたが，私は殊勝に黙とうなどしたことがなかったので，正直のところちょっと白けた気分になりました．それはともかく，Drop君は，私の見受けたところHaynesに特別な感情を持っているようです．

"Haynesってのは本当に実験の天才だったんだなあ．彼のことを思うと，本当にぼくは人間がうらやましくなるよ．ゲルマニウムへの少数キャリヤー注入[7]とか，臭化銀中の電子易動度[8]に関するHaynes-Shockleyの論文を知っているかい．人智と言っても，ああいう技術はもう神に近い．固体物理の実験というからには，あれくらいのことをやらなくっちゃ．それができなきゃ廃業した方がいい．"

Drop君のこの最後の言葉は明らかに挑発的で，私は内心ムッとしました．量子力学はわからなくても丹念な実験さえすればとかねがね思っているのに，何だか水をぶっかけられたような気になります．私はHaynes-Shockleyの論文など金輪際読むまいと固く心に誓いました．

"しかしなあ．あのHaynesが見た発光というのは，どうやらぼくからの発光だったらしいんだ．古い話で，今となってはぼくも記憶がないんだがexciton分子という結論が少し早とちりだったことは確かだ．もう少しHaynesが長生きして，実験をやり直していたら，必ずしも発光強度が励起光強度の2乗に比例するわけではないということが見出せたろうに．早いこと休暇をとりたくってウズウズしていたのかなあ．"

延々とDrop君の感慨がつづくので，敢えて私は話の腰を折りました．

"それで君からの発光だという正しい解釈はいつ出て来たんだい？"
"それがなかなかなんだ．何しろexciton分子という考え方は，Wheeler以来の夢が20年ぶりに叶ったということもあって，ずい分世の中にアピールしたものだ．誰もその考え方を変えたくなかったというのが実情だろう．それに，たとえば君のやった実験だったら，信用してもらうまでに時間がかかるだろうが，Haynesのやった実験だと，疑いが生じるまでに時間がかかるということだ．"

とてもかないません．私は腹を立てるのが馬鹿らしくなりました．考えてみると，人間は図星をさされたときに腹を立てるものです．それには一種の気取りがあるからでしょう．要するにDrop君の前で気取っても仕方のないことを私は忘れていたのです．機会を見つけてHaynes-Shockleyの論文も読んだ方がいい，と私は思い直しました．

"いや大変失礼なことを言って済まなかった．気を悪くしないでくれたまえ．ぼくが好感を抱いているのは，Haynesよりもむしろ君に対してだということを忘れないでいて欲しい．ところで君の質問に答えなくちゃならない．1968年だね，ぼくの正体の一端が現われたのは．ところが，舞台はシリコンでなく，ゲルマニウムだった．ソ連のAsnin-Rogachev[9]が電気伝導の実験から，また

Pokrovskii-Svistunova[10] が発光の実験から，それぞれ独立にぼくを捉え，Keldyshが electron-hole drop というアイディアを出したように言われている．もっとも，それぞれに功労賞を贈るとすると，どういう具合に配分すべきかは，ぼくの知ったことではないがね．

まあ，一番素人わかりするのは，Rogachev が1968年の国際会議──このときはモスクワだ──で話した内容だろう．いよいよ核心に触れることになるが，その前にコーヒーでも一杯どうかね．"

いつの間に，どうやって準備されたのか，私の前には，芳香ただようコーヒーが置かれていました．私はDrop君の心遣いにホッとする思いです．先ほど気分を害したことなど，嘘のように忘れています．彼の話はまだ続きそうなのですが，あまりに急激な身辺の変化のあとで，いろいろ耳新しいことばかり聞かされたので，たしかに疲れていました．私は解放されたように，コーヒーを無遠慮にすすります．Drop君は微笑んで，やさしく言ってくれました．

"大分参っているようだ．無理もない．今までのは，いわば前おきで，これからが本題なんだが，あわてることもあるまい．君の時間感覚で，どうだい1カ月くらい休むとするか．"

参考文献

1) L. V. Keldysh: Proc. Int. Conf. Phys. Semiconductors, Moscow 1968, p. 1303.
2) J. R. Haynes: Phys. Rev. Lett. **17** (1966) 860.
3) E. Hyleraas and A. Ore: Phys. Rev. **71** (1947) 493.
4) E. Hyleraas: Phys. Rev. **71** (1947) 491.
5) J. A. Wheeler: Ann. New York Acad. Sci. **48** (1946) 219.
6) M. A. Lampert: Phys. Rev. Lett. **1** (1958) 450.
7) J. R. Haynes and W. Shockley: Phys. Rev. **82** (1951) 835.
8) J. R. Haynes and W. Shockley: Phys. Rev. **82** (1951) 935.

9) V. M. Asnin and A. A. Rogachev: Zh. Eksp. Teor, Fiz., Pis'ma Red. **7** (1968) 464 [JETP Lett. **7** (1968) 360.]
10) Y. E. Pokrovskii and K. I. Svistunova: Zh. Eksp. Teor. Fiz. Pis'ma Red. **9** (1969) 435 [JETP Lett. **9** (1969) 261.]

2 電子・正孔液滴の物理的性質

2・1 電子・正孔液滴の発見

 このひと月ばかり，私は地球に戻り，生業をあれこれと片付けていましたが，Electron-Hole Dropとの出遭いについては誰にも話しませんでした．あれほど"目撃者"の多いUFOについても，大方の人たちは一笑に付すのですから，私の体験談など問題外です．もっとも，信用されないことを心配したというより，私は自分自身の宝島をそっと確保しておきたかったのです．

 Drop君と別れてちょうど1カ月目の晩のこと，私は急に彼がなつかしくなり，再び宇宙艇をガレージから引きずり出すと，見当もつけずに夜空へ飛び立ったものです．彼に会いたいと願いさえすれば，艇はいつでも私を彼のもとへ運んでくれるものと私は確信していました．事実，私の時計でものの10分と経たぬうちに，艇はグラグラ揺れだし，結晶空間の周期ポテンシャルを感じ始めました．この前は気がつかなかったのですが，あちらこちらに同じような"青白い"星が光っています．いったいどれが我が親愛なるDrop君なのか私には判じかねました．と，艇内の無線器に信号があります．"オーツカ艇よ．もよりの星に接近せよ．"
 たちまち私の艇は自動的に進行方向を設定し，あっという間に見覚えのあるDrop君のもとへ到着しました．見覚えがあるというより，さきに私がすすったコーヒーの香りが未だたちこめているので，それと感じたというのが正確でしょう．Drop君の言葉通り，私は1カ月間休んだつもりだったのですが，この世界では幾らも時間が経過していない様子でした．

 "お言葉に甘えて一休みしてきたけれど，ここへ戻るのにちょっと迷いかけて

ね．君と人相がそっくりな星が至るところにあるもので……"
"アハハハ．なあに，どれもぼくの分身だよ．君が迷わないように念のために信号を送ったけれど，どの星に到着してもぼくに変わりはない．区別できる何の手がかりもないはずだ．"

この返答は私に少々味気ない気持を抱かせました．これではDrop君というのはまるで本体がつかめない複製孫悟空のようなものではありませんか．いや，いや，つまらぬことは考えますまい．このなつかしいコーヒーの香りは，そういう私の気持ちを消すための彼の配慮に違いありません．私はDrop君をうながすことにしました．

"確かRogachevの実験がどうとか言ってたけれど….."
"よく覚えていてくれた．ぼくも話し甲斐があるというものだ．ゲルマニウムに極低温でband gap光を照射しながら電気伝導度を測ると，その様子は第3図のようになる．横軸は照射光によってできる電子・正孔対の密度，つまり照射光の強度だ．縦軸が伝導度なのだが，この結果を君はどう解釈するかね．"
"………………"
"band gap光は数多くの電子，正孔の対を作る．これらはおおむねexcitonを作るけれど，エントロピー的にはバラバラになっていた方が得なので

$$\text{ex} \rightleftarrows e^+ + e^- \tag{2.1}$$

というような準平衡状態が実現する．excitonの濃度は照射光の強さに比例するから，電子や正孔の濃度もそれに伴って増加すると考えてよい．excitonは電気的に中性だから電気伝導に寄与しないが，電子と正孔とは，電場をかけると素直に引きずられるから伝導度は照射強度とともに上がることになる．
ところが見ての通り，伝導度の増加はあるところで一休みし，その後やおらまた立上って急激に上昇する．問題はこの"一休み"の解釈にある．

2 電子・正孔液滴の物理的性質

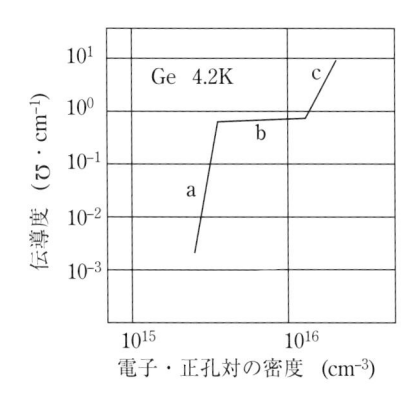

第3図 RogachevがＧeで観測したＧeでの電気伝導．横軸は照射光強度に比例する．a, b, c の領域は第4図のモデル図と対応されたい．

つまりはexciton gasがある濃度域に達すると，前にも言った通り，空間的に凝縮を始め，いくら光を照射して電子・正孔の対を作っても，次々にexcitonがcondensateに吸収されてしまうので伝導度は増加しなくなる．このcondensateは，exciton gasの濃度のゆらぎや，核生成センターの有無に応じて，結晶内の各所にできる．

さらに照射光を強めていくと，condensateの数が増加する上に，個々のcondensateの拡がりも増してくるので，部分的にcondensateが連結することとなり，電極から電極まで，condensateによる一種のベルトができる（第4図）．

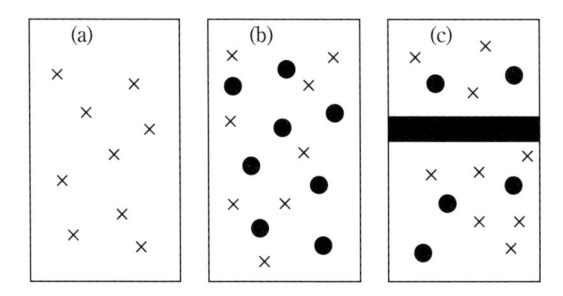

第4図 照射光の強さと結晶中のdrop形成．×印はexciton，黒丸はdrop，そして帯状の部分は液相を示す．a, b, c は第3図に対応する．

condensate はそれ自体，exciton と同じように，まず中性と考えてよいけれど，その内部では電子と正孔はほぼ自由に振舞っているから，いわば金属と同じ状態だ．したがって，ベルトができるということは，金属線による短絡と同じことで，金属線が太くなればなるほど，伝導度はむやみと上昇することになる"

　Drop君の話を聞きながら，私は漢方の煎じ薬を作っている光景を思い浮かべていました．干からびて，もみがらのようになった各種の薬草を，土鍋に張った水に浮かせて，下からとろ火で熱します．最初，水面はすっかり薬草に覆われていますが，水温が上がるにつれ，あちこちで気泡がはじけ，水面が顔を出します．やがて沸騰点に達するとあちらこちらに水面が現われ，気がつくと土鍋の端から端まで，水面による太いベルトができているのです．エキスを抜かれた薬草は水を吸って重くなり，底の方へ溜まりがちで，沸き立った気泡とともに表面へは一時的に顔を出すに過ぎません．土鍋の中は，もみがら相から，こげ茶色の液相に変わっています．とろ火は光照射の役割を果たしているのに違いないと私は考えました．

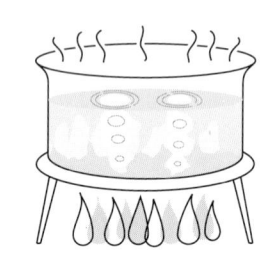

2・2　物質の3態（気相，液相，共存相）との類似

　"もちろん電気伝導の実験結果だけでは外にいろいろと解釈の仕様もあろうけれど，前にも言ったPokrovskiiらによる発光の実験とも考え合わせてKeldyshはexcitonのcondensateがあちらこちらにできるというモデルを立て，このcondensateにdrop, つまり液滴という呼び名をつけた．"

　"ちょっと待ってくれ．いったいそのcondensateというのは，どうして液滴でなければいけないんだ．金属に似ているというだけのことなら，別に固体であっても構わないじゃないか．"

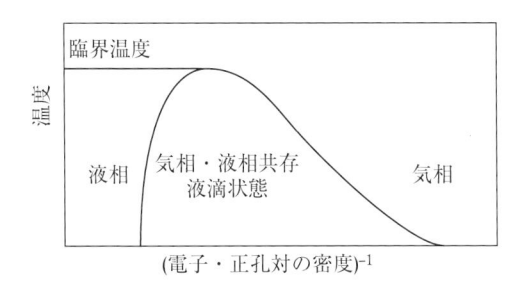

第5図 exciton系の相図．
横軸は圧力（の逆数）に相当する．

　"その通り．逆に粒子密度の高い気体と考えてなぜ悪いという疑問もでるだろう．その辺はアナロジーの限界だが，液体扱いをする根拠がないわけではない．たとえば，dropの中で電子・正孔対の密度が一定であること．変形できること．表面張力といった物が定義できて，間接的にではあるけれど測定できること．臨界温度のあること．とまあ，いろいろあるけれど，あまり調子に乗ってアナロジーを進めて行くと，二進も三進もいかなくなることはたしかだ．"
　"電子・正孔対の密度が一定になるというのはどうしてなのだろう．"
　"さっき，drop中では電子と正孔とが自由に振舞うと言ったが，これはexcitonの密度がある程度以上になると，お互いのクーロン力が遮蔽されてしまうからだ．そうすると，電子と正孔も四散してしまうだけのようだが，自然は巧みなバランスを用意している．そのひとつが交換相互作用という奴だ．電子と電子とはクーロン力で反発し合うのだが，スピンの揃った電子どうしの間ではことさらにクーロン力を駆使しなくてもPauliの排他律で互いに斥け合っている．したがってクーロン力を節約できることになって，その分がエネルギーの下りになる．運動エネルギーがプラスであるのに対し，こちらはマイナスとなるので，四散するのを防止する方向に作用するわけだ．この外に相関エネルギーというのがある．これはスピンの異なる電子どうし，もしくは電子と正孔との間に働く作用——要するに対を作ろうとする作用で，やはり自由になろうとする粒子

の足を引張る役目をする．だから符号は交換相互作用とおなじくマイナスだ．したがってcondensateの全エネルギーをE，運動エネルギーをE_{kin}，交換エネルギーをE_{exch}，相関エネルギーをE_{corr}と書けば，

$$E = E_{kin} + E_{exch} + E_{corr} \tag{2.2}$$

という関係がある．右辺の各項はもちろん電子・正孔対の密度の関数になっているが，このEを最小ならしめる密度がつまりcondensateが液滴（drop）として安定に存在し得る密度ということになる．"

"具体的にはどのくらいの値になるのだい？"

"さてと．Geでだいたい2×10^{17}cm^{-3}，Siで3×10^{18}cm^{-3}というところかな[1]．実はいろんな連中が入れ変わり立ち変わり測定しては少しずつ違った値を出しておりましてな．ぼくの口からはあまり断定的な値を言いたくはない．もちろん厳密には温度によっても違うはずだ．まあどうしても知りたければ君自身頑張って求めてくれ給え．ぼくはすべての研究者に声援を送るけれども，研究者が意欲を無くすような言明は避けねばならない．これは自然の摂理だよ"

Drop君は申し訳なさそうに言い渋るのでしたが，私自身厳密な正解を期待し

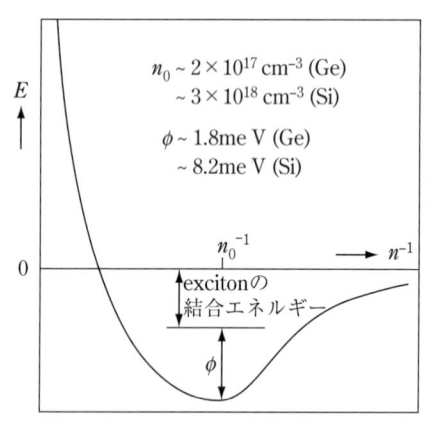

第6図　電子・正孔密度（の逆数）とエネルギーの関係．
　　　　エネルギーのゼロ値は，空間的凝縮のとけた状態に対応する．ϕは電子・正孔対がdropから蒸発するための仕事関数で，exciton状態のエネルギーから測る．

ていたわけではありません．彼に諭されるまでもなく，厳密解を求めるのは愚か，というより人間の探究心を放棄するに等しいことです．ただそれにしても，Drop君の答はかなり私を驚かせました．ゲルマニウムでは2×10^{17}cm^{-3}ということでしたが，不純物の濃度だってこれ以上にすることができます．1cm^{3}あたりにゲルマニウムの原子は5×10^{22}個詰まっているはずですから，液滴と言っても，電子・正孔対の密度はかなり小さく，したがって，ふわふわした綿菓子のようなものが思い浮かびました．

"先に計算したエネルギーの極小値がうまい具合にexcitonがバラバラでいる場合のエネルギー——正確には自由エネルギーというべきだが——より低いものだからcondensateは安定でいられる．自由exciton系と安定なcondensateとのエネルギー差は，いわば後者のbinding energyで，excitonがcondensateから蒸発するための仕事関数，そうwork functionと呼ばれている．この用語は水滴から水分子が蒸発する場合や，熱電子放出のときにも使われるから，多分君にも馴染みが深いことだろう．"

その仕事関数というのは，どの程度の値なのだろう．また私は余計な心配を始めました．悪いくせで，何でも一応の数字にしてもらわないと安心ができないのです．数字さえ示してくれれば何とはなしにわかったような気になるのは，果たして喜ぶべきことでしょうか．

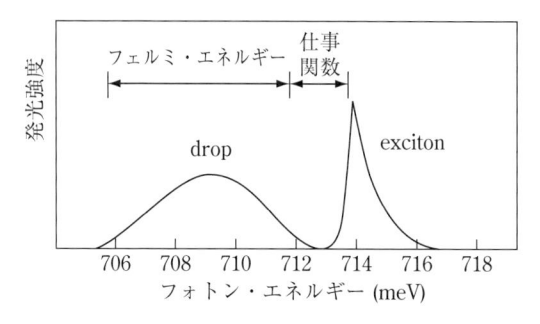

第7図 発光スペクトルからdropのフェルミ・エネルギーと仕事関数を見つもる．

"仕事関数は，発光スペクトルで，dropからの発光と，excitonからの発光のエネルギー差を求めて，その値を知ることができる．しかしdropの方は，電子も正孔も縮退している関係で発光線の幅が広い．元来仕事関数というものは，たとえば熱電子放出の場合，Fermi面から真空域までのエネルギー差をいう．だからこの場合もそれにならうと，dropの発光線の上部エネルギー端からexcitonの発光ピークまでを測るべきだろうな．だいたいゲルマニウムで1.8meV前後ということになっている．シリコンはお隣りだから，何なら一走りして聞いてくるかね．"

"いやゲルマニウムだけで十分だ．どうせ同じくらいの値だろうからね．"
"ところが必ずしもそうは言えない．condensateが安定であるために有利な条件と不利な条件がある．ゲルマニウムやシリコンだと，伝導帯に縮重があって，実はこれが有利な条件になっている．つまり運動エネルギーを小さくする効果がある．しかし物質によっては伝導帯の底が単一だったりして，そんな場合には，だいたいcondensateができるのかどうかもわからない．言い換えれば仕事関数がマイナスになることも考えられる．"

"そんな物質があるのかね．"
"うーむ．そう気易く聞かれると困ってしまうな．後でゆっくり話そうと思っていたのだが，シリコンとゲルマニウム以外ではまだcondensateの存在が，しかとは確認されていない．できたという報告があるにはあるがね．果たして液体モデルが適用できるような状態になっているのかどうか．"

Drop君の口調がちょっともったいぶってきたようです．察するに彼はゲルマニウム中の自身が世界にいや宇宙に冠たる存在であることを私に認識してほしいようです．とまれ私は私なりに，現在のところ，ゲルマニウムとシリコン以外には，必ずしもdropが容易にできるとは言えないのだと了解しました．しかし，このことを追求するにしても，ゲルマニウム中のdropの属性をもっとよく

理解しておかねばなりますまい．私はDrop君に質問を続ける前にこれまでに了解したことを整理しておこうと思い，頭の中で箇条書きを作りました．

1. Ge，Si中ではelectron-hole dropというcondensateができる．
2. drop中での電子・正孔対の密度はGeで$2 \times 10^{17} \text{cm}^{-3}$，Siで$3 \times 10^{18} \text{cm}^{-3}$の程度である．
3. dropからexcitonが蒸発するには1.8meV程度の仕事関数が必要である．ただしGeでの話[2]．
4. drop中で，電子・正孔はそれぞれについてフェルミ・エネルギー（Fermi energy）を定義できるほどに縮退している．

演習問題 Ge中のdropにおいて，電子に関するフェルミ・エネルギーを求めよ．ただし，電子の有効質量は$0.2m_0$（m_0は自由電子質量）とし，伝導帯の縮重度は4とする．

2・3 電子・正孔液滴の形，大きさ，寿命

"君の形状は遠くから見ると球状のようだったがそう了解していいのだろうね．"

"ああ．普通の恒星と同じに考えてくれていい．表面張力という奴が働くと自然こういう形になるものだ．もっとも表面張力といっても$10^{-4} \text{dyn} \cdot \text{cm}^{-1}$の程度だから，水滴より6桁，4Kの液体ヘリウムより3桁ほども小さいがね．形状については，疑い深い人間諸氏が，光散乱の実験から，半径が数μmの球形であることを確かめたようだ[3]．"

"大きさは揃っているのかい．"

"条件さえ決めれば大体揃っていると考えてもらってよい．条件というのは励起の強度，つまり照射光の強さとか，パルス光の場合には照射後の時間とかいった要素だね．それに格子系の温度もかかわりがある．ゲルマニウムだと，

2K以下では5〜6 μmくらいなのが4Kになると10 μm程度になるという報告があるね[4,5]．

"これは驚いた．温度を高くすればdropはこわれやすくなるだろうに，かえって大きくなるというのは解せないね．"

"ホイしまった．返答に窮する質問を誘発してしまったようだ．確かに表面張力との競争で，ぎりぎり保ち得る半径の大きさ，つまり臨界半径という奴は低温での方が大きい．だがdrop自体，熱膨張でふくれ上がるということもある．いずれにせよ定常的な励起光のもとで保ち得る大きさというものを決めるには，いろいろな要素があってね．半径の温度依存性などは，正直のところ測ってみなければわからないというのが実情だろうな．"

"臨界半径というのは何から決まるのだい？"

"君，一休みしてきたら随分活発に質問をするようになったなあ．いやなに結構，結構．別にこれはdropに特有の話でも何でもない．実は仕事関数 ϕ が半径 R に依存していて

$$\phi(R) = \phi(\infty) - 2S/n_0 R$$

と書き表わせる．S は表面張力，正確には表面エネルギーという量だ．n_0 はdrop中の電子・正孔密度です．右辺の第1項と第2項とが打消し合うような R の値に対しては $\phi(R)=0$，つまり蒸発は自由ということになって，dropは形状を保ち得ない．これで臨界半径が決まる．もっとも実際に光を照射しているときにはexcitonの気体が，dropの周囲にあって，これが絶えずdrop中へ飛び込んでdropの大きさを増そうと努めている．つまり蒸発の逆効果だね．それに蒸発がなくともdrop中では電子と正孔の再結合があって，これによってもdropは小さくなろうとしている．それやこれやのkineticsをちゃんと取り扱わないと，うかつに臨界半径の表式を与えるわけにはいかないのだが……．まあ考え方の大筋はいまの話で納得してもらえるかな．"

"いや，あまり立ち入った話をされるとかえってこんがらがるだけだから，その程度の説明で十分だよ．今の話の中で電子・正孔の再結合というのが出てき

2 電子・正孔液滴の物理的性質

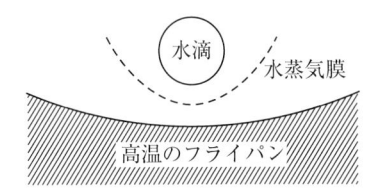

第 8 図　Leidenfrost 現象の説明

たけれど，この時定数はどのくらいですか？"

"ゲルマニウムではほぼ 50 μs の近辺かな．孤立した exciton の寿命が数 μs だから，それよりかなり長い．"

"それはまたどうして？"

"フェルミ・エネルギーの 3/5 という元気さで走りまわっている粒子のことだから，なかなか rendezvous する余裕がないのかな，アハハハ．いや，冗談は抜きにして，これは大変面白い特徴のひとつなんだ．即座に消滅し合っても不思議はないはずの反物質どうしが，空間的に凝縮した状態では，凝縮する以前よりかえって長寿命になるというのはまぎれもない事実だ．実はこのことをAlfven は自分の展開した cosmology の中でちゃんと予言している[6]．まずたとえ話からいくか．500℃くらいに熱したフライパンの上に水滴をおとすと，水滴はどうなると思う？"

"一瞬にして蒸発するだろう．"

"と思うのは素人の浅はかさだ．実は水滴は結構長く生きている．つまりフライパンと水滴との間に薄い水蒸気の膜ができて，これが熱交換を妨げているのだね．この水蒸気の膜は Leidenfrost layer と呼ばれるが，どうも物質と反物質とが集合したときに，この種の Leidenfrost layer のようなものがその間にできて，物質・反物質プラズマは存外長生きするというのだ．"

"よくわからんねえ．"

"まあいい．それじゃあっさり事実を認めてくれ．とにかく drop 中で電子と正孔とはそれほど性急には再結合しない．が，待てよ．そうだもうひとつ大切

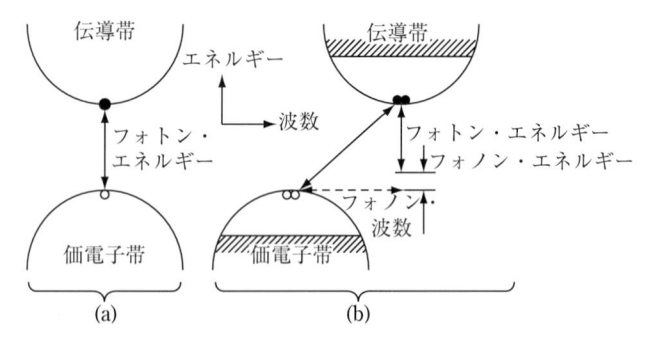

第9図 (a)直接遷移型, (b)間接遷移型, の違いを示す.
後者では運動量（波数）の保存則からフォノンの介在が必要となり遷移確率が小さい. したがって, 電子および正孔は縮退しやすくなる.

なことを忘れていた."

"何だい？"

"ゲルマニウムとシリコンのことしか頭になかったから. ついつい後回しになってしまったのだが, この二つの物質はどちらも間接遷移型の半導体で, フォノンの助けを借りないと, 電子と正孔とは再結合できないという事情がある. このために, 直接遷移型の半導体, たとえばInSbとかGaAsなどにくらべると再結合の確率はうんと小さい. したがってexcitonの寿命が桁違いに長く, dropもできやすいのだ."

"それを早く言ってほしかったな. それじゃGaAsでは再結合の時定数はどの程度なの？"

"これはまた短い. 1 ns以下だと思っていいだろう."

"それじゃpositroniumの寿命と変わらないじゃない. そんなことでは, dropなんて作るひまはなさそうだね."

"仰せの通り. ゲルマニウムとシリコン以外ではなかなかdropが作りにくい理由のひとつはそれだ. InSbやGaAsでは伝導帯の縮重もないしね. しかし人間諸氏はやすやすとは締める様子がないよ. 嬉しいねえ."

"不可能なことをやろうとしているのではないだろうね."

"だとしたら無意味だというのかい.誰も不可能だということを証明したわけではないんだよ.苦労したあげく,不可能だということがはっきりわかれば,これは大きな収穫じゃないか."

"わあ.説教されてしまった."

"いや.君が言いたいのは別のことだろう.まず理論的に可能性を当たってみることが大切なのは言うまでもない.ところでどうだい.一服しないか.君の短兵急な質問のおかげで今度はぼくの方が疲れたよ.コーヒーには砂糖を入れよう.少々肥えたってかまやしない.たかだか 50 μs の人生──おっと,drop life だ."

私の気分をほぐすためのDrop君の心づかいは,身にしみてありがたく思えました.例によって,芳香ただようコーヒーが,いつの間にか眼の前に運ばれています.そして固形の砂糖らしいものも添えられているのでした.

"drop の歴史は,ソビエトでまず発展した.そのことに敬意を表して,これはかの国で使われるてんさい糖の甘味料だ.なかなか溶けにくいがね.コーヒーのさめ加減をおそくするから,ゆっくり溶かしたまえ.Keldysh, Pokrovskii, Rogachev にも同席してもらおうか."

またまた夜空のスクリーンに,今度は名札をつけた3人のロシア人の姿が浮かびました.Keldyshがまん中で,両側にいるRogachevとPokrovskiiが驚いたことに日本語で,子供のように言い争っています.Keldyshは困ったような顔をして,腕ぐみ.会話の内容は,さあ,ご想像にまかせましょう.

参考文献

1) 総合報告として,J. C. Hensel, T. G. Phillips and G. A. Thomas: Solid State Physics **32** (1977) 87, を参照されたい.
2) Siでは 8.2meV が recommended value ということになっている [文献1).参照].

3) Ya. E. Pokrovskii and K. I. Svistunova: Zh. Eksp. Teor. Fiz. Pis'ma Red. **13** (1971) 297 [JETP Lett. **13** (1971) 212.]
4) A. S. Alekseev, T. A. Astemirov, V. S. Galkina, N. A. Penin, N. N. Sibeldin and V. A. Tsvekov: Proc. XII Int. Conf. Phys. Semi-conductors, Stuttgart 1974, p.91.
5) R. Grossman, K. L. Shaklee and M. Voos: Solid State Commun. **23** (1977) 271.
6) H. Alfvèn: Rev. Mod. Phys. **37** (1965) 652.

3 サイクロトロン共鳴との関わり

3・1 エクシトンとサイクロトロン共鳴

　浮世を離れて電子・正孔液滴への探訪を重ねた私ですが，何度か出直すということに，新鮮な驚異を誘発させる要因が潜んでいます．Drop君の供してくれるコーヒーを飲む頃は，好奇心もすでに飽和して，授業終了のベルを待ちあぐねる学生のような気分になります．しかし，家へ戻り，あっという間に1カ月ほど経過すると，もう彼との対話がなつかしくて仕方がなくなるのです．自分と同じ人間との対話がうとましくなり，Drop君こそが心の友と思えるようになっては，精神的にも危険な状態なのではないかしらと考えるようになりました．けれどもう引き返せません．忙しさにかまけて，ろくに手入れもしない宇宙艇ですが，不思議に私への奉仕は確かな奴をまたぞろ引きずり出して三度天空の同じ方向へ．まるでブラック・ホールへ引き込まれるかのように艇はぐんぐん加速され，気が付いた時にはDrop Starが目前に迫ってきました．この頃になって，私はDrop君に対してなす質問をまるで用意してこなかったことを思い出しました．矢も楯もたまらず出てきたのですが，一体何をしにきたのか，彼に笑われはしまいかと多少気になりますがもう手遅れ．驚いたことに"熱烈歓迎"という文字が暗夜のスクリーンに浮き出しています．

　"友あり．遠方より来たる．心おきなく語れる相手と会えるのはなんと素晴しいことだろう．"

　Drop君はまるで私の気持を鏡に映したような態度で迎えてくれます．私は胸にぐっときて，不覚にも眼の中にtear-dropを溜めこみました．

"いやお互いセンチになるのはよそう．少々みっともないや．君にとって探険の醍醐味はまさにこれから先なんだからな．"

私をはげますように言うと，打って変わったように景気よくDrop君は語り始めました．

"これまでは主として発光スペクトルの側からぼくの性質を説明してきたが，今回はちょっと話題の方向を変えよう．マイクロ波と遠赤外光とによるソフト・タッチの話だ．世の中には変哲な奴もいるもので，直視的な発光スペクトルの実験をきらって，わざわざ手さぐりでぼくを捉えようとするんだね．"
"どうしてそんなまわりくどいことをするんだろう．"
"一見まわりくどいようだが，やはり意味のある貢献といえるだろう．発光の実験と相補うばかりか，時として一層デリケートな面を解明することもある．発光の実験は，どちらかと言えば観測者の方が受身の姿勢だが，これからの話はむしろ観測者がdropにいろいろとチョッカイを出して，反応を確かめるといった楽しさがある．
たとえば，ぼくの周囲にいるexciton系や電子または正孔との間にあるkineticsなどは，発光の実験よりはるかによくわかるし，仕事関数の決定なども独立に行なわれ，光学手段による値と微妙な違いを見せたりしている．それも理由のあることだがね．

Drop君が周囲にいるexciton系と言ったので，私は思わず見まわしました．これまで気が付かなかったのですが，眼をこらすと，ところどころでキラッと光るものがあります．

"ホラ，今も光ったろう．あれはexcitonが寿命を終えたしるしなんだよ．つい先刻ぼくの表面から飛び出して行ったんだがね．"

"君から飛び出したって！"

"電子と正孔の対がぼくから蒸発するって言ったろう．仕事関数というのは，それにかかわるものだってことを思い出してくれなくっちゃ．もっとも稀にフラフラと遠方から漂ってくる exciton もあるがね．"

"exciton にならない電子や正孔もいるのかい？"

"うん．これは光らないからちと見えにくいな．特別な眼鏡を貸してあげよう．"

Drop君が貸してくれた水中眼鏡のようなものを通してのぞくと，いるわいるわ．縦横に走る流星のようなのが．気のせいか，そのうちの約半数はeという文字のように丸く見え，残りはhという文字に似て，入りくんだ形で気取っています．そして，もっと驚いたことには，たまたまeとhとが近付くと，双方から手をさし延べるような感じで，まるでフォーク・ダンスをするかのように，くるくるとまわり始めるではありませんか．そうして，このような対が，実に至るところにでき上っています．いくら勘の悪い私でも，この舞台に展開されているストーリーは，わざわざDrop君に説明してもらうまでもありませんでした．

"ところで君．サイクロトロン共鳴というものを聞いたことがありませんか？"

唐突なDrop君の問いかけに，私はあいまいに，しかし首を縦に振りました．心得たもので，私の理解不足を適当に補いながら彼の説明が始まります．

"真空中で荷電粒子に磁場をかけると，磁場の方向と垂直な面に対する運動の射影は円となる．円運動というのは，つまり周期運動の一種だが，この磁場による円運動をサイクロトロン運動という．これの周期と同期する交番電圧をかければ粒子は加速される．これがサイクロトロン加速の原理だ．半導体は真空

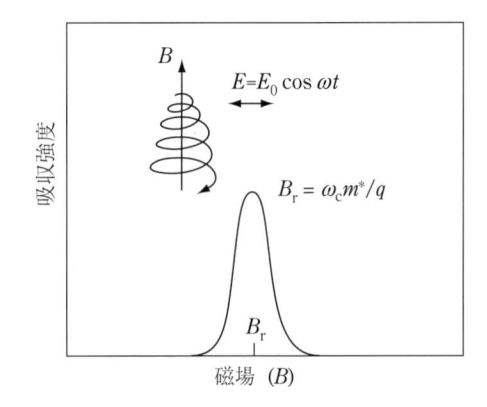

第10図 サイクロトロン共鳴の様子．荷電粒子の動きと共鳴吸収線を示す[1]．

と同じことだから，やはりサイクロトロン加速が可能で，電波の吸収を，磁場の関数として求めることができる．"

"磁場の関数？"

"サイクロトロン共鳴の角振動数 ω_c は共鳴磁場 B_r に対して

$$\omega_c = qB_r/m^* \tag{3.1}$$

だ[1]．m^* は荷電粒子の質量，q はその電荷です．いま外部から加える交流の振動数 ω を一定にしておくと，これを ω_c たらしめるためには磁場を変えねばならない．そして (3.1) の条件を満たすところで共鳴吸収のピークが出る．"

"よくわかりました．"

"この実験は半導体に関しては1954年頃に初めて行なわれた[2,3]．対象はゲルマニウムとシリコンだったがね．目的は m^* つまり電子や正孔の有効質量を正確に決めることにあった．"

"それ，どこかで聞いたことがある．"

"半導体に関する教科書だったらどれにでも書いてあるからなあ．ところで，おなじゲルマニウムやシリコンを相手に，サイクロトロン共鳴の実験をしつこく10年以上も続けた連中がいる．どうやら君の国にだがね，主として．"

"馬鹿な奴らだなあ．だって実験の目的は 1954 年に達成されてしまったんだろう？"

"いや目的を別の方向に転じたのさ．吸収線幅の測定から電子の散乱機構を調べたり，共鳴強度の変化を kinetics の解析に利用したりすることが残されていたんだ．"

"それにしたって重箱の隅さがしに違いあるまい．"

"多分ね．が，それも価値観の違いかもしれん．ところで，その連中だが，散乱だの再結合だのをサイクロトロン共鳴を通じていろいろ調べているうちに，どうしても exciton が一枚かんでる，それも大変奇妙な具合に絡んでいるということを感じ始めた．今日のように，drop, exciton, free carriers の 3 題噺が普及する前で，drop のことなど頭になかったから，なかなか筋の通ったストーリーが立てられず，言うに言われぬ悩みを持ち続けていたようだ．もっとも一度は発光の実験も併せてやって見るべきだったろうに．サイクロトロン共鳴の実験結果だけを頼りに，何年もあれこれ臆測ばかりしていたんだから，この辺はまったく馬鹿としか言いようがない．"

"いったいどこの連中だい，その鈍物たちは？"

"まあいい．多分お家の事情もあったんだろう．苦節 10 年，一剣を磨いたこの連中にとっての救いは 1971 年になって時間分解法というのをサイクロトロン共鳴の実験にはじめて導入した点だ．これはまあヒットだったね．おかげでゲルマニウム中の electron-exciton 散乱が初めてサイクロトロン共鳴の線幅に寄与していることが確かめられた[4]．"

"まだ exciton どまりで，drop は出てこないの？"

"drop の誕生する条件下で実験をしているのに，解析は依然としてそれを抜きにしてやっているんだなあ．だから電子や exciton の寿命に関する解析結果は，今日の知識をもってすれば少々間違っている．"

"drop の概念はすでに定着していたんじゃないのかね．だって Keldysh だの何だのは確か 1968 年に……．"

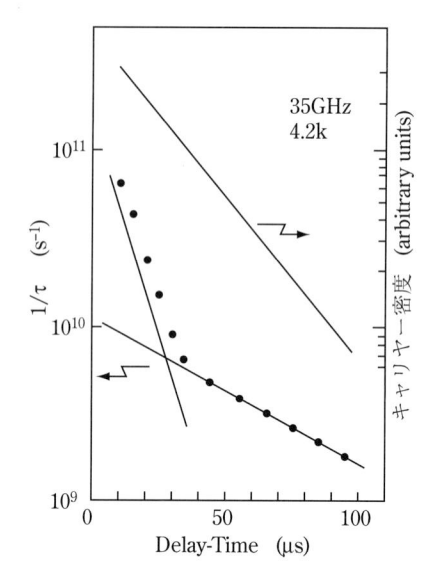

第11図 励起パルス光照射後, Ge中の電子サイクロトロン共鳴を時間分解で追ったもの. ●印が線幅から得た散乱の緩和時間の逆数で, 左側の急傾斜の部分がelectron-exciton相互作用を表わす. 上部の直線はfree carrierの密度に比例する量, つまり共鳴の強度である.

一応このデータからfree carrier, excitonの見掛け上のlifetimeが求まるが, dropからの蒸発を考えねば, それらの値を説明することはできない[4].

"歴史的にはそうなんだが, 当時は未だ半信半疑でね. drop か exciton-moleculeかってことでいろいろもめていた. ソ連でも議論が激して, とうとうつかみ合いの喧嘩にまでなったという噂もあるくらいだ."

"そう言えば光散乱の実験なども, いま少し後から出はじめたようだったね[5]. フランスあたりの研究者も, 最初はmolecule説にばかり肩入れしてたようだ[6,7]."

"オヤ, ちゃんと勉強してるじゃないか. 人が悪いぞ."

"上のスクリーンに文献が出ているよ."

"ああそうか. ところで, この時間分解法によるサイクロトロン共鳴の実験と

いう手段を,今度はBell研究所のHenselらが抜目なくdropを対象に応用した[8]."
"ちゃっかりしているね."
"いや,物理の世界はアイディアが死闘する点で商業の世界と同様だ.着眼点の良さを賞めるべきだろう.日本の連中はfree carrierとexcitonとの関係だけを考えたが,Henselはもうひとつ,excitonとdropとの間にkinetic equationを考え,電子のサイクロトロン共鳴を追うことによって,相図の上でのdropとexcitonとの境界や,蒸発の仕事関数まで導き出したものだ.1973年のことだが[8]."

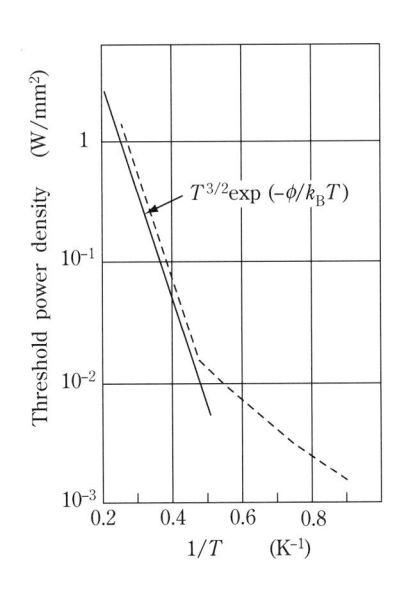

グラフ中の式: $T^{3/2}\exp(-\phi/k_B T)$

第12図 励起パルス光照射後 $10\mu s$ 経っても電子のサイクロトロン共鳴がぎりぎり観察できるような照射強度を温度の関数として求めたもの(破線が実験値を連ねてある).
実線は左半分の実験結果に合わせてあり,これから仕事関数として $\phi = 16K$ が得られる[8].

"欲張ったものだね．しかし大した根性だ．"

"面白いことに，仕事関数の値は，発光スペクトルの方から求められたものより低い目に出る．まあHenselらの結果だけなら，別にどうってこともないかもしれない．しかし1974年になって今度は日本の連中がHensel流のkineticsを使ってさらに遠赤外とマイクロ波で実験を拡張し，仕事関数を求めたところ，やはり同じように低い目の値が出ることがわかった．しかしてこのときは温度依存性[9]や応力依存性[10]まで手がけている．"

3・2　サイクロトロン共鳴手法のバラエティ

"今度は日本の方が解析の方法を真似して，アイディアで出し抜いたってわけか．まるで抜きつ抜かれつのシーソー・ゲームじゃないか．"

"いやまったく商戦そのものだ．外野にとってはよりどり見どりだろうが，当事者は辛かろうよ．まあ，マイクロ波や遠赤外光を用いての解析は間接的で，いわば熱励起のエネルギーを求めていることに相当する．この点，発光の実験は光励起のエネルギーに対応するので，この種の差は，不純物準位からの励起エネルギーを取り扱う際にもよく出てくる話だ．"

"遠赤外光の実験というのは一体何をやるのだい？"

"大きく言って2通りある．磁場をかけずに，遠赤外光の分光器を用いて波長を変えながらdropによると思われる吸収を追っていくのと，レーザーなどを用いた単色光で磁場を変えていくのと．後者でdropによる何らかの共鳴吸収が見つかれば，これはマグネトプラズマ共鳴の一種だ．"

"マグネトプラズマ共鳴の方から仕事関数が求まるのかい？"

"それも可能だろうが，最初はもっと単純なやり方が使われた．H_2Oレーザーというのを用いると119μmという波長が出る．この波長に対しては磁場がゼロのところでちゃんとdropによる吸収が出ている．吸収が減衰する時定数の温度変化を求めると後はparameter fittingで仕事関数が見つかるという仕組みだ．そ

3 サイクロトロン共鳴との関わり

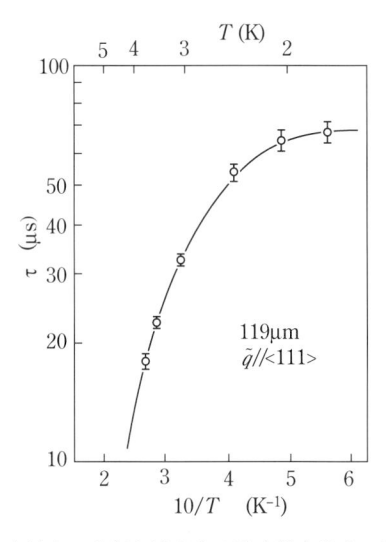

第13図 dropによる遠赤外光の吸収が減衰する時定数を温度の関数として追ったもの．実線は近似解析によるもので，fitting parameterとして $\phi = a + bT^2$, $a = (14 \pm 1)$ K, $b = (0.5 \pm 0.2)$ K^{-1} を得た[9]．

の際，仕事関数は温度とともに変化する部分があるとしないとどうしても実験に合わない．"

"Hensel らは温度依存性を出さなかったの？"

"彼らの解析方法ではそれは無理だ．相図における境界線の傾斜から仕事関数を求めているからね．しかし，遠赤外による解析方法も，温度に依存する項の係数値などには問題が残っている．敢えてそこまで踏みこまなかったHenselにも言い分はあろう．"

"その辺のチャンチャンバラバラはどうなの？"

"ある．ある．片や世界に冠たるBell研究所としての面子がある．片や止むに止まれぬ大和魂．ところでHenselの側は最近review articleを発表してね[11]．一応はフェアーな記述に努めているようだが，チラチラと身びいきが出るのは止むを得ないな．"

3・3 圧力をかけると

"圧力依存性がどうとか言ってたけれど？"

"そうそう．これは日本側のマイクロ波による速射砲がBell軍団に有効な一撃を加えたケースだ．ゲルマニウムに〈111〉方向から一軸性の圧力を加えると，ホラ第14図のように，伝導帯の谷が上下する．つまり縮重が解けるわけで，その結果dropが不安定になる．いいかえれば仕事関数が小さくなる．ところが〈100〉方向に圧力をかけた場合，伝導帯の谷は相対的に変わらないので，dropの性格変化は価電子帯の構造変化にだけ依存する．したがってそれほど不安定にはならない．このような結論はやはり，サイクロトロン共鳴の観測を軸にした解析から導かれた[10]．"

"程度の差こそあれ，一軸性の圧力をかけると，dropは不安定になると考え

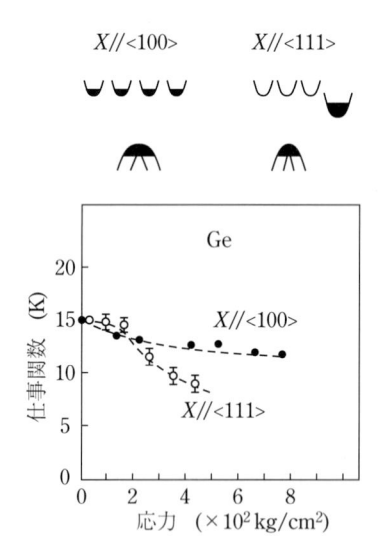

第14図 圧力Xよる仕事関数ϕの変化．
$X//\langle 111 \rangle$では$X//\langle 100 \rangle$より変化が大きい．上部に圧力によるキャリヤー再分布の様子を示す[10]．

ていいのですか？"

"何度も言うように，伝導帯および価電子帯に縮重のあることが，dropを安定にする要件のひとつだ．したがって部分的にでも縮重が解ければ不安定になっても不思議はない．しかし，このことは飽くまでも，一軸性圧力が結晶全体にわたって一様にかかっている場合の話だ．"

"一様でなかったらどうなるのですか？"

"これは，後のためにとっておきたい話題なので，今は勘弁してくれたまえ．ただ結論だけ言うと途徹もなく大きなdropのできる場合がある．"

"何だかセンセーショナルな話になりそうだな．ところでマグネトプラズマ共鳴というのをもう少しちゃんと教えてくれよ．"

"これはサイクロトロン共鳴の延長みたいなものだが，要するに，集団効果を考慮に入れた共鳴だ．一番簡単なところだけ引用するから後はそのバリエーションだと思ってくれ．いいかね，いまdropの径が入射するレーザー光の波長（もちろん結晶内での話だが）に比べて充分小さかったとする．とすると，もっとも粗い近似で，その吸収量 Q は誘電関数 ε との間に

$$Q \propto (\tilde{\varepsilon} - 1)/(\tilde{\varepsilon} + 2) \tag{3.2}$$

という関係がある．$\tilde{\varepsilon}$ と書いたのは

$$\tilde{\varepsilon} = \varepsilon(\text{drop内})/(\text{drop外}) \tag{3.3}$$

のように誘電関数を比で表わしたものです．(3.2) の関係は，ちょっとすすんだ電磁気学の教科書ならたいてい載っているよ．

ところで $\tilde{\varepsilon}$ は振動数 ω の関数で，dropの場合，まずは

$$\tilde{\varepsilon} = 1 - \sum_j \frac{\omega_{pj}^2}{\omega(\omega + \omega_{cj})} \tag{3.4}$$

と表わされる[12)]．ここで ω_{cj}, ω_{pj} はそれぞれサイクロトロン振動数，プラズマ振動数で j という添字はcarrierの種類で，つまり電子だとか正孔だとかを表わす．また同じ電子でも谷が違っていれば区別するし，正孔も重い，軽いによって j が異なってくる．

いま

$$\tilde{\varepsilon} = -2 \tag{3.5}$$

という条件を課すると (3.2) は発散する．つまり共鳴が起こる．この条件に対応する磁場が共鳴の起こる位置です．"

Drop君は一気にまくし立て，私は無意識にうなずいていましたが，実はちっともわからなかったというのが本音です．(3.2) が $\tilde{\varepsilon} = -2$ で発散するというのはわかりますが，それに相当する磁場位置というのはピンときません．

"(3.2) 中の量についてもう少し説明すると

$$\omega_{\mathrm{p}j}^2 = \frac{4\pi n_j}{m_j \varepsilon(\mathrm{drop}\,\text{外})} q_j^2; \quad \omega_{\mathrm{c}j} = q_j B / m_j \tag{3.6}$$

の関係がある．n_j というのは j 番目の carrier の密度で，これは drop 中の電子・正孔対密度から分圧として求まる．問題の磁場位置はサイクロトロン振動数 $\omega_{\mathrm{c}j}$ の中にはいっている．(3.4) を通分してBに関する方程式として解くならば，根がいくつか出てくることがわかるだろう．"

今度は，私も本当にわかったような気がしました．しかし，間髪を入れず質問を出せないところを見ると，やはり"気がする"どまりかも知れません．

3・4 マグネトプラズマ共鳴

"要するに drop はいろいろな磁場位置で遠赤外光を共鳴的に吸収するということだね．"

"その通り．これがマグネトプラズマ共鳴だ．さらにレーザーの波長を変えると ω が変わるから解の組はすっかり新しくなる．つまり違った磁場位置に吸収のピークが生じる．もちろん波長を変えるかわりに磁場の方を変えても変化が起こる．"

"それは $\omega_{\mathrm{c}j}$ が変わるから？"

"その通りです．それから，説明を略したけれどプラズマ共鳴は (3.2) で表わされるものだけじゃない．ほかにも吸収ピークを作る項がある．それらがことごとく変化する上に，実際にはcarrierの散乱効果，有効質量の変化，誘電関数の異方性などいろいろ考慮せねばならないからますます問題は厄介になる．"

"フーッ．なんだかやたらに複雑になるばかりで，いったいどんなご利益があるのだろう．発光スペクトルを見ている方がずっと直観的でいいじゃないの．"

"直観的でないと言われればまったくその通りで降参するほかない．複雑なことは認めるけれど，それにはそれで長所もある．つまり，dropの属性に何らかの変化が起こった場合，その変化が微妙であれば，発光スペクトルではなかなか把握できない．ところが，マグネトプラズマ共鳴には，多岐にわたる様子のなかで，どこかにその変化をキャッチするような敏感な要素があるものだ．"

"たとえば……？"

"たとえば，carrierの散乱確率の変化などは，マグネトプラズマ吸収のあるものの線幅を追って行けばよい[13]．これなど発光スペクトルではどうしようもない．"

"要するに遠赤外光をdropに当てれば，発光スペクトルではつかめないような情報が何かと出てくるということだね．"

"独立な情報もあれば，互いに確認し合えるような情報もある．持ちつ持たれつ，よりかかりつというところだ．

ところで君．マイクロ波領域でも結構マグネトプラズマ研究ができるのだよ．知ってるかい？"

"知ってるはずないじゃないか．"

"いや，これは日本で見つかった効果なんだから知っておいてほしいねえ．さっきの誘電関数なんだが，$\tilde{\varepsilon}=-2$ でなくて，$\tilde{\varepsilon}=0$ になったらどうなると思う．"

"…………"

"書き方によっては
$$\tilde{q}^2 = (\omega/c)^2 \tilde{\varepsilon}$$

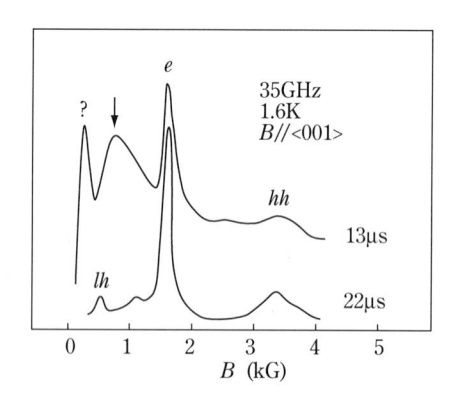

第15図 dropによるマグネトプラズマ効果がマイクロ波域でのサイクロトロン共鳴に現われた例．
光照射後22μsでは正常なサイクロトロン共鳴しか現われないのに13μsでは異常なピークが現われる[14]．

となる．ここで$\tilde{q}$は波数だ．$\tilde{\varepsilon}=0$の場合には，ωの如何にかかわらず$\tilde{q}=0$，つまりDC（直流）と同じ振舞いが見られるというわけだ．だから$\tilde{\varepsilon}=0$という条件の満たされるところでは金属同様のdropの内部へ，マイクロ波がまるで直流と同じようにすかすか入って行って吸収される．"

"そんなにうまい条件が実現できるの？"

"できるんだから仕方がない．第15図を見てごらん．Geでのサイクロトロン共鳴を35GHzで見ているんだけれど，delay-timeが13μsの場合，つまり励起の効果が未だ強く残っているときには真中あたりに太い不可解なピークがあるだろう．これは励起光をうんと強くするとはじめてでてくるんだが，ちょうどこの磁場位置で，$\tilde{\varepsilon}=0$の条件になっている．無論，電子・正孔対密度を$2 \times 10^{17}\mathrm{cm}^{-3}$としての話だ．この現象は1973年に見つかった．ここに及んで，先刻来お話し申しあげている鈍い方達も，dropと真正面から取り組む決意をしたというわけだ．"

"ソ連あたりの連中は何を今頃と思ったことだろうね．"

"ところがさにあらず．Rogachev などはこの報告に，どういうわけか，こおどりして喜んだらしい．またモスクワのある研究グループは同じようなものを独立に見つけていたらしく，ずいぶん口惜しがってたそうだ．ピークは見つけても，うまく解釈ができなかったんだねえ．"

"日本人も思ったよりやるじゃないか．"

"君，日本人だろ．そんな言い方ってあるか．そんな態度だからいつまでたっても超一流の仕事ができないのだ．"

珍らしく Drop 君が気色ばんだ様子で怒鳴ったので私はびっくりしました．怒鳴ったあと，黙りこくったままです．私は心配になりました．

"まったく君の言う通りだ．どことなしに後進国コンプレックスが未だ残っていたんだなあ．反省するよ．"

こんな時は早く非を認めた方が勝ちです．かくもわれわれ日本人を励ましてくれる Drop 君の真情を何よりの土産として，私は宇宙艇のエンジンを始動させ，帰り支度を始めました．さすがにコーヒーを出してくれと催促するには気まずい雰囲気でした．

"いいですよ．君たちにいい仕事をしてもらいたいのがぼくの何よりの願い．アメリカ人やロシア人が来ても同じことを言うだろう．来月は極上のコーヒーを入れて待っているからね．"

参考文献

1) 西山敏之ほか編 "物理学への道"（学術図書出版社）上巻 p.39.
2) B. Lax, H. J. Zeiger and R. N. Dexter : Physica **20** (1954) 818.
3) G. Dresselhaus, A. F. Kip and C. Kittel : Phys. Rev.**98** (1955) 368.
4) T. Ohyama, T. Sanada, T. Yoshihara, K. Murase and E. Otsuka : Phys. Rev. Lett. **27** (1971) 33.

5) Ya. E. Pokrovskii and K. I. Svistunova : Zh. Eksp. Teor Fiz. Pisma Red. **13** (1971) 297 ; [JETR Lett. **13** (1971) 212]
6) C. Benoit á la Guillaume, F. Salvan and M. Voos : Proc. Int. Conf. on luminescence, Newark 1969 (North-Holland Publishing Co., Amsterdam 1970) p.315.
7) C. Benoit á la Guillaume, F. Salvan and M. Voos : Proc. Int Conf. Phys. Semiconductors, Cambrijge, Mass. 1970. (U. S. Atomic Energy Comission, Division of Technical Information) p. 516.
8) J. C. Hensel, T. G. Phillips and T. M. Rice : Phys. Rev. Lett. **30** (1973) 227.
9) K. Fujii and E. Otsuka : Solid State Commun. **14** (1974) 763.
10) T. Ohyama, T. Sanada and E. Otsuka : Phys. Rev. Lett. **33** (1974) 647.
11) J. C. Hensel, T. G. Phillips and G. A. Thomas : Solid State Physics (Academic Press, New York) **32** (1977) 87.
12) K. Fujii and E. Otsuka : J. Phys. Soc. Jpn. **38** (1975) 742.
13) H. Nakata, K. Fujii and E. Otsuka : J. Phys. Soc. Jpn. **45** (1978) 537.
14) T. Sanada, T. Ohyama and E. Otsuka : Solid State commun. **12** (1973) 1201.

4 光,応力,磁場

4・1　フォノン (phonon) の風

　これまでと違って,今回の旅立ちは私にとってあまり心はずむものではありませんでした.自分でもはっきりわからないのですが,どうも先日の出会いの折,よく理解できない話に相槌を打ち過ぎたことが原因の一半を構成しているようです.イプシロンだのオメガだのという話はだいたい性に合わないのですが,せめてプラズマに関するいささかの予備知識が必要でした.地球へ戻ってから書店でいい加減に本を漁り,それを頼りにDrop君の話を何とか自分なりに解釈し直そうと努めました.しかし途中で放り出したくなり,Drop君にもっとわかり易い話をしろと文句を言いたくなる自分をどうすることもできませんでした.彼のことだから今度は気を配ってくれることでしょうが……．

　それでも不思議な魔力にとりつかれたように,1カ月が経過すると私は宇宙艇を空間に飛ばしていました.ところが今度は何だか様子がおかしいのです.ひとつのdrop星に近づいて停止しかけると,スーッと相手が逃げて行くのです.並行して追って行くと何だか伸びたり縮んだり,まるでバレエを踊ってい

るように見えます．それに同じようなdropがたくさん，どうやら行動を共にしているかのようです．と，突然，これらの慌だしさが無くなり，馴染みの雰囲気に戻りました．こうなればDrop君との再会は時間の問題です．事実，ものの5分と経たないうちに，私は先月彼が約束してくれたコーヒーを飲んでいました．そばでDrop君が説明します．

"phononの風が吹いてきたものだからね[1]．びっくりしたろう．ぼく達は圧力だのphononだのに弱いんだ．"

"phononの風って言うのは——例の格子振動の……？"

"そう．結晶空間中には年中phononがうろうろしてるんだが，時として方向性のある衝撃波のような奴が来る．これは人間諸氏が外部から悪戯(いたずら)している証拠なんだ．"

"ひどいな．今度帰ったら詰まらぬ悪戯は止せと言っておくよ．"

"いやその必要はない．だいたいぼくが存在するのも彼らの悪戯のおかげなのさ．だから変にクレームをつけると薮蛇になる．ぼくを生かすも殺すも君たちの胸三寸なのだからね．"

"まるで反対のような気がするがね．"

"いや，まったく．現在の君は無力で，人質みたいなものだからなアハハハ．しかし，どのみちゲルマニウムに光を照射してくれなかったら，ぼくが生れるわけがないので，やはり悪戯のおかげというほかない．"

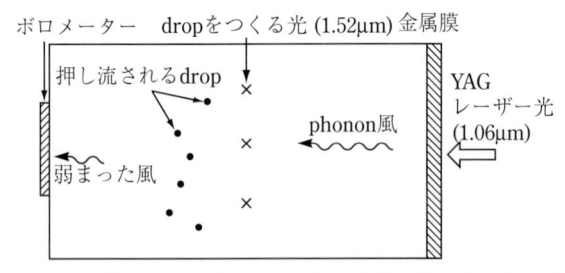

第16図 phonon風とdropの出会い．×印の位置に作られたdropと相互作用して，勢力の弱まった風をボロメーターで検出できる[2]．

"phonon 風というのはどうして作るのですか？"

"たとえば結晶の一面を金属でメッキして，そこへレーザー光を当てたとする．光は金属にさえぎられて中へは入らない．しかし熱に変換された形でエネルギーは内部に伝達される．これが phonon を励起して，その運動量をぼく達にくれるので動かないわけには行かない[2]．"

"何の目的でそんな扇風機をまわすのだろう．"

"ひとつには drop や exciton を1箇所に吹き寄せて cluster を作るつもりなのじゃないかな．逆にまた，光励起点で，生成された drop が，どのように結晶内へ散って行くかを調べる手がかりも得られる．これらのもくろみはかなりうまくいっているようだ．"

"どうして成功だとわかるの？"

"証拠写真だよ，発光の．スペクトルでなくて発光そのものの写真を，いわば赤外線カメラで撮ったと思えばよい．局所的な発光が，結晶の対称性まで反映してみごとにキャッチされている[3]．"

"写真にまで撮れるというのはたくさんの drop が合併して，結晶軸方向に角を出した巨大な drop になっているというわけですか？"

"見かけ上はね．実際には合併しているのと違う．前にも言ったかと思うが exciton gas のある密度に対しては，各温度ごとに一番安定な drop の半径というものがあるからね．本当に巨大な drop を作ろうと思えば，後に述べる特殊な圧力を利用するしかない．"

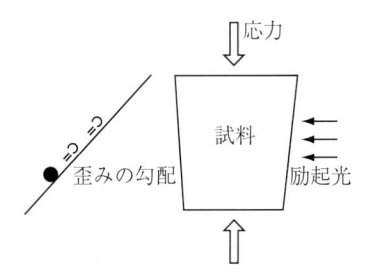

第17図　多少ともいびつな試料に圧力をかけると内部に歪みポテンシャルの勾配ができる．drop はこれに沿って転がる．

"圧力にもdropを吹き飛ばす力があるの？"

"吹き飛ばすというよりは転がすんだな[4]．圧力によって結晶内に歪みの坂ができると，そこでdropがゴロゴロ転がっていくわけだ．もしこの歪みがうまい具合にどこかで凹みを作るようになっていると，そこに水溜りが生じる．ここではdropが合併してマクロな大きさになるというわけです．"

"余程うまい具合に歪みをかけないと，水溜りなどはできまい．"

"まったくだ．ごくありふれた一軸性の圧力をかけるとかえってdropはできにくい．"

"それはまたどうして？"

"前に言わなかったかな．たとえば，〈111〉方向から結晶を押すと伝導帯の縮重度が減るので，凝縮が難しくなる．たとえ凝縮しても歪みの坂をdropが転がる結果，あっという間に結晶の外まで逃げてしまう．"

"結晶の外まで逃げると，自由空間中にdropができるというわけ？そいつは面白いや．"

"まぜ返してもらっちゃ困る．要するに界面で消滅するということだ．"

"何はともあれ，dropを動かすという点では，圧力もphonon風も同じようなものだね．"

"いや，話が少しこんがらがってしまったようだ．圧力の方はかけずに済まそうと思えば，避けることができる．しかし，phonon風の方はdropの生成自体に関連しているので，程度の差こそあれ避けることはできない．"

"だって先に金属をへだてて君に吹きつけるって話だったじゃないか．photonが金属にさえぎられて入って来ない以上，君の生成とは無関係のはずだ．"

"申し訳ない．ことさらにそういう話の導入にしたんだが，別に金属メッキした面に光を当てるばかりがphonon風を作る方法じゃない．たとえば，むき出しの結晶面の一点に強力な光を当てると，そこから放射状に風が吹き出すものなのだ．と同時に，そこではdropが生成されるので，結局dropが四方に飛び散ることになる[3,5]．"

"……"

"つまり，光は電子と正孔の対を作るのに使われ，それらの濃度が高いとたちまち exciton から drop へと生成過程がすすむ．ところで，photon energy を $h\nu$ と書くと，その際，$h\nu - E_g$ に相当する energy は行き場に困ってしまい，結果的には drop に蓄えられる．もちろんその際キャリヤー同士の相互作用が一役買うことは言うまでもない．これは一種の Auger 効果かな．drop は energy をもらった結果温められることになる．この drop が冷えるに際して低振動数の phonon を吐き出す．これが drop を動かすという次第だ．"

"自分が吸い過ぎた energy を，phonon の形で吐き出して，それに追いたてられるってわけ？何だか自家中毒みたいな話だね．もっと聞いて楽しい話をしてくれよ．"

"ハイハイ．もうおしまいにします．ただ一言だけ申し添えたいのは，drop が飛び散る際の様子が，結晶の方位を反映するという点だ．さっきも言った通りこれを写真に撮ると，まるで花が咲いたように見える[3]．写真の技術は Wolfe と言う新進気鋭の研究者によって開発された．似たようなテクニックを使って彼は以前にも巨大液滴の写真を撮っている[6]．まあ一見の価値はあるね．ただ花の咲き具合は，レーザー光を一点に集中するときの焦点の絞り方に依存する．"

"素人考えだが，小さく絞れば絞るほど，そこから拡がっていく drop の雲は異方性を持ちそうな気がする．"

"その通り．一種の爆発みたいなものだからね．逆に，ふんわり光を照射された場合には drop の雲もじわじわ等方的に拡がっていく感じで，このときはまさにそよ風だな．さっきの風はひどかったが，多分，レンズで光を focus し過ぎたんだろうな．"

台風一過とでもいうところだからでしょうか．Drop 君も気持が緩んでか，なかなか話の区切りがつかないようです．私は思い切って半畳を入れてみること

にしました.

4・2　強磁場をかけると

"ぼくは君に強い磁場をかけてみたいんだけれどなあ．いったい君がどんな顔をするか．"

"顔はたいして変わらないが，身体の方はかなりムズムズする．鏡に映して見ないとわからないが，どうやら磁場の方向に沿って圧迫感を覚える[6]．"

"それはまたなぜでしょう？"

"医師の診断によると，ぼくの体内には，電子と正孔とのそれぞれについて，再結合電流というのが，縁の方から中心部に向って流れている[6]．そこへ磁場がかかると，電子と正孔による電流の双方が強め合って磁場に垂直な面内で環状となり，Lorentzの力が働いて，ぐしゃりとつぶれるって言うのだが……[7]．

最近の報告を見ると，もう少し事情は複雑なようだな．励起の条件によっては磁場の方向に伸びて見えることもある[8〜10]．"

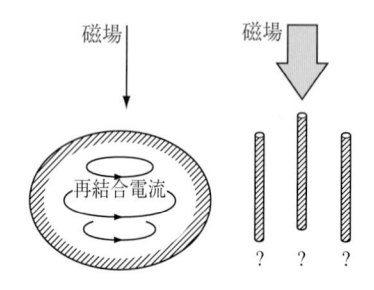

第18図　drop中の電子と正孔とによる再結合電流は，磁場をかけることによって環状の平行電流となり，dropは変形する．さて強磁場の極限では？

私はむかしむかし，中学校で教わった左手の法則というのを大急ぎで思い出して，しきりと左手の指を眺めながら考えましたが，なかなか宙では思うよう

に対応がつきません.このことは後でゆっくり確かめようと思い直して,Drop君の次の言葉を待ちます.

"もうひとつ大切な磁場の効果は電子・正孔密度に対する影響だろうな.結果的には磁場とともに密度は増大するという報告がなされている.発光の強度にも[12],マグネトプラズマの吸収にも[13], de Haas-van Alfven 効果に似た振動が観測されて,そこから結論されたことなんだが."
"ドァー番アルペン氏?ひょっとしてスイスの登山ホテルでお目に……"
"要するに磁場を強くしていくと,Landau 準位がせり上がって Fermi 面を通過する.その時に発光なり吸収なりの強度が変化するために振動が生じる."
"なぜ発光や吸収の強度が変わるのですか?"
"喰い下がるね.一義的で明確な答を出すことは恐らく難しい.仕事関数や緩和時間が,いま言った交差に際して何らの影響も受けないと考えるのはむしろ不自然なので,このいずれか,もしくは双方の変化が原因していると思ってい

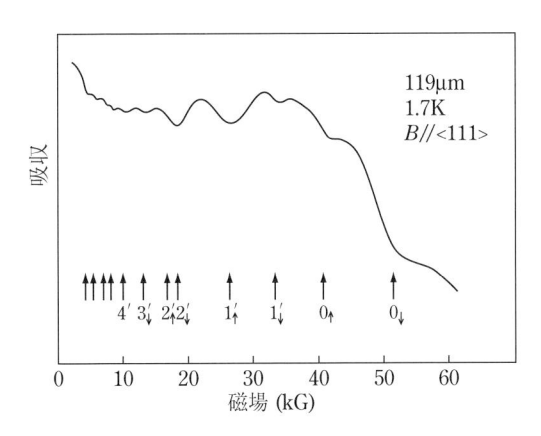

第19図 遠赤外 (119μm) マグネトプラズマ吸収に現われた量子振動[18].ランダウ (Landau) 準位とスピンの向きを添えてある.
　　　ダッシュの付いたものと付かないものがあるが,これは磁場が ⟨111⟩ に平行なので電子の谷に種類あることを示す.正孔の性質は振動には反映しない.

いのじゃないかな."

"何だかわからないものでわからないことを説明されているみたいだ."

"たとえばFermi面を通過する際に仕事関数が小さくなったとする.すると excitonの蒸発が盛んになるから,必然的にdropが小さくなる.小さなdropは遠赤外光を吸収する量も小さいだろう.つまり吸収が減る."

"わかりま……した."

"アハハ.本当のところは誰も腹の底から納得したわけではなくて臆測に過ぎんのだよ.ともかくこの振動の周期は電子・正孔対の密度で決まるから,それで密度に関する情報が得られるという寸法さ."

"素人は数値を聞くと安心する.どの程度まで変化するの?"

"発光のデータだが,確か14万ガウスで7×10^{17} cm^{-3} とか言ったっけな[12].ゲルマニウムでの話だけれど."

"なぜそんなに大きくなるのでしょう?"

"強磁場のもとではサイクロトロン半径が小さくなり,したがって状態密度がふえるからだろうと実験者たちは言っている.確かにこれは一面の真理を伝えてはいるだろうが……."

"磁場を無限大にすればサイクロトロン半径はゼロになるけれど,そのとき電子・正孔対の密度は限りなく大きくなるのですか?"

"古典的にはそうだけれど,現実にはそんな馬鹿げたことは起こりっこない.量子極限では当然別の理論展開があって然るべきだ.今のところ,未だ机上の空論に過ぎないけれど,このような場合,電子も正孔も磁場と垂直な方向には動けなくなって,系全体は球状でなく磁場の方向に沿った何本もの筒になってしまうということだ.しかも筒の半径は磁場の1/3乗に逆比例して小さくなる.と同時に流体としてはますます安定になる[14]."

"さっき,磁場をかけると,かけた方向に形がへしゃげるという話があったけれど,それと矛盾するじゃないか."

"うーむ.あの場合は古典的考察で量子極限ではないからねえ.しかし君の疑

問には一理ある．古典論だ量子論だと言っても，一方は他方の極限の場合だから対応は確かに欲しいところだ．量子極限の話は今からあまり信用しすぎない方がよい．実験で当たったわけでもないんだから．"

"実験できる当てもない計算なら物理とは言えないね．"

"それは少し言い過ぎだ．地上でそんな強磁場は実現できなくても，白色矮星や中性子星の内部では10^{12}ガウスなんてべら棒な磁場が現実にあるらしいからね．"

"じゃ，そこでdropを作ればいいわけだ．"

"そう簡単に話を短絡されても困るが，要するにまだ海のものとも山のものともつかぬ話だ．"

少し退屈してきたせいか，私自身，質問がだんだん投げやりになるのを感じます．Drop君は目ざとくそれを察して，突然びっくりするような提案をしました．

4・3　ゲルマニウムからシリコンへ

"おい．この辺で隣のシリコン国を訪ねてみる気はないか．ぼくの彼女が君を歓迎する準備をしている．"

"君の彼女！"

"ウフフ．冗談だよ．同じdrop類に属するんだけれど，僕より女性的に見えるんじゃないかと思ってね．まあ百聞は一見にしかず．出かけてみるんだな．"

Drop君が言い終わる前に，私は宇宙艇のエンジンをスタートさせていました．Drop君の思いやり深さと，女性の優美さを兼ね備えたものに会えるなんて．私の体長は10ÅだとDrop君にからかわれたことがありましたが，このとき私の鼻の下は5Åくらいにはなっていたと思います．あっと言う間に私の艇

は界面らしきものを飛び越えてシリコンの中に突入しました．と，前方に，優雅な星による発光が見えます．言葉で表現しようにも無理ですが，細おもての感じで，発光のビームはロングドレスの裾のように見えました．

"いらっしゃい．先ほどからお待ちしていましたの．"

話し方も女性言葉ですが，トーンも先ほどまでのDrop君よりは1オクターブ高い感じです．そう言えば発光の色もずっと紫がかったと言うか，つまり短波長のようです．私は一瞬言葉を失ってただお辞儀をしました．すると，香り高い紅茶と白いクッキーのようなものが置かれているのに気が付きました．

"私の手製です．召しあがりながら聞いてください．私の素性は簡単にしかお話している暇がありません．何しろ私の寿命はあと僅かなのですから．"

この最後の言葉を聞いたとき，私は急に胸が激しく痛んで，今までのうわついた気持はどこかへ消し飛んでしまいました．
"どうして貴女のような方がそんなに早く死ななけれぼならないのです．どこかお悪いのですか？"
"いいえ．シリコンに生れた以上，寿命はゲルマニウムのときよりずっと短いというのが，私たちの宿命なのです．佳人薄命って言うでしょう．ホホホ．"

Drop嬢は笑いにまぎらすと，寸刻を惜しむように語り始めました．

"ゲルマニウム国の彼は，自分の寿命が$50\mu s$くらいだと言っていたでしょう．私の方は$0.15\mu s$の程度なの．こんなに短くなる理由は，ひとつには電子・正孔の密度が高くなって，$3 \times 10^{18} cm^{-3}$もあるものだから，再結合の確率も自然に高くなるからでしょうね．ええ，形状もそれに応じて当然小さくなります．半

径もたかだか1000Åくらいにしかならないようね．あなたは日本からいらしたのでしょう．あの国は小さくて人口密度も高いんですってね．それで高い文化水準を維持して本当に素晴らしいですね．私の性格に合っているわ．私の寿命が短いと言ってもそれはゲルマニウム中の彼と比べての話で，もっと外の結晶中にいることを思えばとても愚痴など言えません．何と言ってもシリコンは間接遷移型の半導体なんですもの．ずい分恵まれていると言わなければなりませんわ．"

"貴女に関する研究はゲルマニウム中のDrop君と同程度になされているのでしょうか．"

"どうかしら．研究しにくいことは事実だから，やはり研究人口も今までは少なかったようね．何しろ，ゲルマニウムと比べたら，うんと強い光を当てないとなかなか私を作ることもできませんものね．光源を準備する段でも，その分だけお金もかかりますし，寿命が短いということは，それだけ応答の速い検出器が必要になってきます．科研費でも当たれば別でしょうけれど，貧乏世帯にはなかなか私もお輿入れできないというのが実情です．"

私は少し興が醒めました．貧乏世帯ということでは決して人にひけは取らないつもりです．所詮彼女は高嶺の花ということなのでしょうか．

"でも苦しい会計をやりくりして，私の姿をみごとに捉えてくださった時なんか本当に嬉しい．ああ，生まれてきてよかったと思います．"

私は安心しました．彼女は別に貴族趣味というわけではなく，prizeとしての価値が高いだけなのです．

"あなたの寿命を短くする要素として，仕事関数の方も一役買っているのでしょうか．"

"いいえ．仕事関数の方は，むしろ大きくて，excitonはなかなか蒸発しにくいのです．データは限られていますけれど，ざっと 8 meV という値が出ています．ですから，寿命はやはり内部での再結合によって決められていると言った方がよいでしょうね．"

ここまで Drop 嬢が語ったとき，私はオヤと思いました．彼女の輪かくがいやにはっきり見えるのです．私はあることに気付いてハッとしました．もしかしたら彼女は間もなく……．

"そうなの．"

Drop 嬢は淋しそうに吐息をつきました．

"せっかくお会いできたばかりなのに……．もうお別れです．でも私のこと，忘れないでください．この次シリコン国を訪れてくださる頃には，また生まれ変わっていたいわ．どこかで私の分身にお会いになったら，私だと思って可愛がってください．ああ，もう臨界半径だわ．さようなら．"
"いけない．死んじゃいけない．私と一緒に地球へ帰りましょう．"

恥も外聞もなく私は叫びつづけました．叫ぶというより泣いていたのかも知れません．我に返ったとき，私は自分のベッドの上で，枕を必死に握りしめていました．夢だったのかな．だとすれば美しくもはかない夢を見たものだ．私にはもはや夢と現実の区別がつかなくなっているようでした．少し気を静めてから，私はフラフラと庭へ出て，宇宙艇を入れたガレージへと歩いて行きました．

宇宙艇のエンジンは，未だ確かなぬくもりを残していました．

参考文献

1) V. S. Bagaev, L. V. Keldysh, N. N. Sibeldin and V. A. Tsvetkov: Zh. Eksp. Teor. Fiz. **70** (1976) 702 [Soviet Phys.-JETP **43** (1976) 362].
2) J. C. Hensel and R. C. Dynes : Phys. Rev. Lett. **39** (1977) 969.
3) M. Greenstein and J. P. Wolfe : Phys. Rev. Lett. **41** (1978) 715.
4) A. S. Alekseev, T. A. Astemirov, V. S. Bagaev, T. I. Galkina, N. A. Penin, N. N. Sibeldin and V. A. Tsvetkov : Proc. XII Int. Conf. Phys. Semiconductors, Stuttgart 1974, p. 91, (Teubner, Stuttgart 1974).
5) J. Doehler and J. M. Worlock : Phys. Rev. Lett. **41** (1978) 980.
6) H. L. Störmer and D. Bimberg : Commun. on Phys. **1** (1976) 131; D. Bimberg and H. L. Störmer : Nuovo Cimento **39B** (1977) 615.
7) A. S. Kaminskii and Ya. E. Pokrovskii : Zh. E. T. F. Pis. Red. **21** (1975) 431 [JETP Lett. **21** (1975) 197].
8) J. P. Wolfe, J. E. Furneaux and R. S. Markiewicz : Proc. XIII Int. Conf. Phys. Semiconductors, Rome 1976, p. 954 (Tipografia Marves, Rome, 1976) .
9) J. P. Wolfe, R. S. Markiewicz, J. E. Furneaux, S. M. Kelso and C. D. Jeffries : Phys. Stat. Sol. (b) **83** (1977) 305.
10) R. S. Markiewics, H. Hurwitz, Jr., and R. S. Likes : Phys. Rev. **B18** (1978) 2780.
11) J. P. Wolfe, W. L. Hansen, E. E. Haller, R. S. Markiewicz, C. Kittel and C. D. Jeffries : Phys. Rev. Lett. **34** (1975) 1292.
12) R. W. Martin, H. Störmer, W Rühle and D. Bimberg : J Lumin. 12/13, (1976) 645.
13) H. Nakata, K. Fujii and E. Otsuka : J. Phys. Soc. Jpn. **45** (1978) 537.
14) S. T. Chui : Phys. Rev. **B9** (1974) 3438.

5 巨大液滴

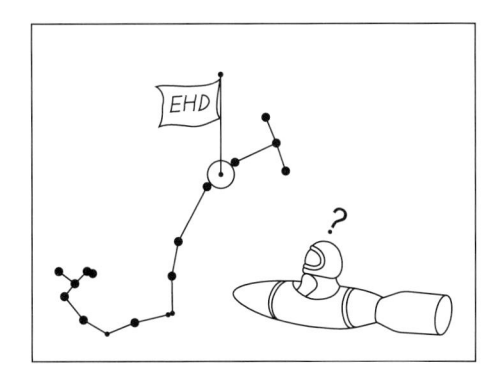

5・1 偶然出来た！

　今回の旅行も奇妙な体験に始まりました．結晶空間に飛びこんだと思われる頃から，宇宙艇はひとりでにある方向へ押し流される感じなのです．
　周囲には星屑のようなdropや消滅時のexcitonらしき発光が見えるのですが，それらも同じように何かに引かれ気味で走っています．
　"天の川"
　突然，私の頭にこの言葉が思い浮かびました．そうです．星屑に似た発光の群はまさしく"天の川"のせせらぎであり，私の宇宙艇はその流れに乗せられているのでした．
　と，やがて前方になつかしい光芒．天の川の流れも気のせいかだんだん緩やかになっています．それにしても今日のDrop君は何だか馬鹿でかい感じです．どうしてでしょう．東の地平線に昇る太陽の視直径が，ある朝突如として100倍にふくれ上ったとしたら私たちはさぞ驚くでしょうが，まさにその巨大な光球なのです．それと，面白いことには，"天の川"の"水"は，まるで大海へ注

87

ぐように，巨大な Drop 君へ吸いこまれて行くのでした．

"なんだってそんな大入道になっちまったんだい？ まるで大蛇（うわばみ）みたいに何もかも呑みこんじゃってさ．"

私は無遠慮に問いかけます．が，まあ，これは私でなくても尋ねたに相違ありません．

"あーいい気分だ．ここの居心地は満点．人間諸氏に礼を言いたい．これで寿命もうんと延びる．今日はゆっくりして行けよ．コーヒーなんか止して，水割りでも一杯やろうじゃないか．"

これまでと何だか様子が違います．言葉も間のびして，Drop 君は，はじめから酔っ払っているみたいです．しかし，それは私の思い過ごしで，すぐに彼は状況の説明をしてくれました．

"いまわれわれの住むゲルマニウム空間には，局部的な歪みが生じている．歪みポテンシャルが最小になる位置にぼくがいるわけで，ここはすこぶる座り加減がいい．小さな drop や exciton が，生成された位置にとどまらず，次から次へとポテンシャルの低いこの場所に流れこんでくるから，自然ぼくの姿も巨大になる．ちょっとした巨星に見えるだろう．ぼくの半径は，いまでざっと $300\mu m$ だ．ふつうの時とくらべれば，100倍近くになった勘定だが，違っているのは半径ばかりじゃない．寿命が $500\mu s$ にも延びたことは特筆ものだ．現在の光学技術はピコ秒域，つまり $10^{-12} s$ 程度を取り扱うのも朝飯前だから，その感覚から言えばぼくの寿命など，宇宙の寿命と同じくらいのものだ．"

Drop 君の言葉は自慢しているようでもあり，楽しんでいる風でもあります．

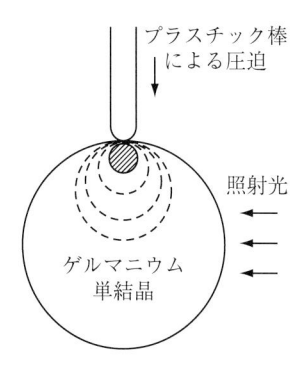

第20図 ゲルマニウム単結晶の一部に一軸性の圧力を加えると破線のように歪みポテンシャルの等高線ができる．照射光をあてると歪みポテンシャルの底の部分に巨大液滴（斜線）が発生する．

しかし私には，事情がまだよく呑み込めませんでした．

"局部的な歪みの座に坐っていると言ったけれどそんな座席はあちこちにあるのかい？"

"いや，この結晶空間中ではこの部分だけと言ってよかろう．実はいま，ゲルマニウム結晶の周辺のある部分にだけ，一軸性の圧力がかけられている．歪みはそこを中心に拡がっているわけだ．"

"人為的なものですか？"

"もちろん．この種の歪みは，もとをただせばCalifornia大学Berkeleyの連中が試料を固定するためにプラスチックのねじで締めつけたために生じたものだ．それが巨大液滴を作るきっかけになったというわけだ．"

"ケガの功名だね．"

"いやまったく．思いもかけない巨大液滴ができたときには，実験者はさぞ肝をつぶしたことだろう．"

"大きなdropができたってことはどうしてわかったの？"

"マイクロ波による実験，発光の空間分布測定その他が貢献するのだが，初めはなかなか信用されなくてね．"

"……."

"歪みポテンシャルの底へdropが集まってくるということは理解できても，それがひとつのgiant dropになるという確証はないというのが懐疑派の主張だった．小さなdropが集結して雲を作っていても，遠くから見ればひとつの大きなdropがあるように見えるだろう．"

"もっともな話だ．"

"しかし観測した当事者にしか分からない直感というものがある．とくに信じられないほどの長寿命という点，これはユニークな何物かがそこに横たわっているはずだという信念に結びついた．"

"これにも一理ある．素敵なロマンだ．"

"少々フィクションが混ざっているかも知れないが，まあおおかた事実だ．とにかくあらゆる方法で巨大液滴の存在を確かめようとした．そのひとつがマイクロ波によるdimensional resonanceの実験だ[1]．"

5・2　再びマグネトプラズマ共鳴

"マイクロ波がまた役に立ったのですか？"

"その通り．発光の実験では味わえない醍醐味がまたひとつ出てきたわけだ．dimensional resonanceというのは，drop内にAlfven（アルヘン）波の定在波が立つことによって生じる共鳴のことをいう．Alfven波ってのはわかるかい？"

"いいえ．"

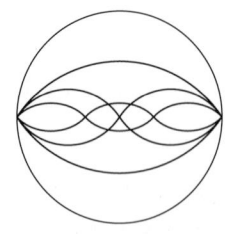

第21図　巨大液滴中にAlfven（アルヘン）波の定在波が立つ．これがdimensional resonance．

"またプラズマの話になって申し訳ないが,これは正負同数の荷電群が磁場のもとで作るプラズマ波です[2]. これが境界条件次第で定在波になる. Alfven波の波長は磁場をパラメータとしてdrop内では決まっているので,定在波はdropの大きさを調節することで作ることができる."

"とすれば,ある大きさのdropについてだけ共鳴が起こるのですか?"

"磁場の強さもパラメータだよ.磁場を決めておけば,dropの半径の変化に伴い,定在波の立つところで共鳴が起こる.だからパルス光でdropを作っておき,照射後の時間経過に従って減衰過程を追えば途中で共鳴が観測される.一方,時間分解法の手段でdropの大きさを決めておけば,磁場を変えていくことによって,共鳴の条件に行き当たります.つまり磁場の強さと,光励起後の時間とを,こもごも変えることによって,共鳴を観測できるわけです."

"つまり任意の大きさのdropで,共鳴が起こるわけですね."

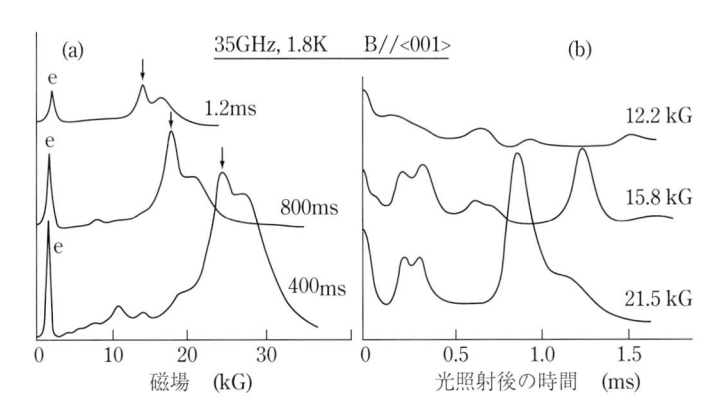

第22図 ゲルマニウム中の巨大液滴によるdimensional resonanceのパターン例. (a)はパルス光照射後の時間を一定にして磁場を掃引,(b)は磁場を一定にしてパルス光照射後の時間を変えたもの.
(a)には矢印で基本定在波(電子型)に対する共鳴を,e印で電子のサイクロトロン共鳴を示す.
(本堀 勲:修士論文"ゲルマニウム中に作られた電子・正孔液滴中のキャリアーの緩和時間"大阪大学大学院理学研究科,1979より)

"大きさに関して言えばそうです.磁場さえ調整すればよいわけだから,とにかく,このdimensional resonanceというのは一様な正負の荷電密度の中で期待されるものだから,巨大液滴像を支持するものと考えられる."

"小さなdropが集まったdrop cloudみたいなものの中でもこの種の定在波は立ちそうな気がするがね."

"確かにそういう可能性もないではない.しかし条件が難しかろう.dropの部分と,そうでない部分とのインターフェイスの問題などについてかなり偶然的な要素が支配することになると思うね.それと小さなdropに特有なRayleigh-Gans型の散乱がこの対象では観測されないということもあって,だんだん人々は納得するようになった[3]."

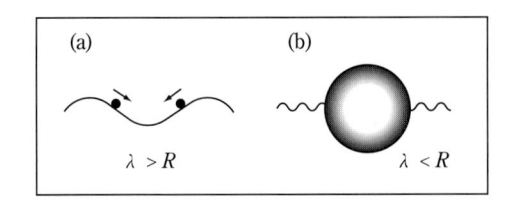

第23図 (a)超音波の波長 λ に比べて drop の半径 R が小さいときには,drop は質点のように歪みの坂を転がるだけ.
(b)巨大液滴が超音波の波長を呑みこむと吸収が起こるようになる.

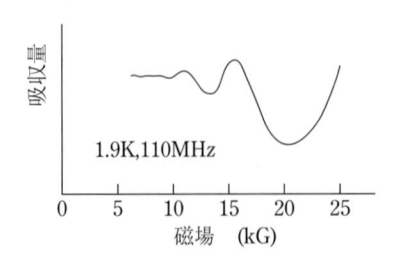

第24図 巨大液滴による超音波磁気吸収の模様.吸収量の振動はdropのFermi liquid としての性質を反映している.

"巨大液滴の存在を具体的に示す実験はほかにもあるのですか？"

"超音波磁気吸収というのがある[4]．結晶に超音波をかけると，時間とともに周期的に変動する歪みがあちこちに生じるが，dropの径がこの超音波の波長に比べて小さいと，先にも述べたように歪みの坂をdropがゴロゴロ前後に転がるだけで，結局のところ，あまりエネルギーの吸収は起こらない．ところが，dropの径が波長よりうんと大きければ歪みの坂を転がるというイメージは無くなる．それどころか，dropの各部分が，超音波の異る位相の部分を感じることになって，これは超音波の側から言うとロスにつながる要素を含んでいる．もっとも本当のロスになるためには磁場の方向に超音波の進行ベクトルの成分がある場合に限るけれどね．二つのベクトルが平行になれば減衰は一番大きく，しかも磁場を掃引すると振動が観測される．"

"振動？"

"dropはFermi liquidだからね．例によって電子のLandau準位がFermi面を通過するときに異変が起こるわけだ．"

5・3　超音波磁気共鳴吸収

de Haas-van Alfven効果のことを言っているのだなと私は思い当たります．前に聞いたときにはよくわからなかったし，なぜLandau準位とFermi面とが交差するときに異変が生じるのかは今もって釈然としませんが，何らかの物理量が変化するのだろうと無理矢理自分に言い聞かせます．

"振動の周期を解析すると，電子・正孔対の密度が求められるんだが，〈111〉方向から一軸性圧力を加えたものについては，これがおよそ$6 \times 10^{16} cm^{-3}$，つまりこれまで知られてきた値の1/3弱になることがわかった．"

"巨大液滴は通常液滴より内容が薄いってわけ？　ありそうな話だね．だいたい動物でも脳下垂体とやらに異常があると身体ばかり大きくなって……．"

"おいおい，妙なことを連想してくれるなよ．同じ比べるのなら赤色巨星のこ

とを思い浮かべてほしいものだ．この方が密度は稀薄でもロマンが豊かだ．"

"それにしてもなぜ密度が稀薄になるのかな？"

"前にも言ったと思うが，〈111〉から押した場合，伝導帯の縮重が解けて三つの谷はエネルギー的に押し上げられ，一つの谷だけ下がる．電子はエネルギーの低い谷に集中することになって，結局は電子を収容するための有効な状態密度が減るわけです．これが第一義的な原因と言えるだろうな．"

"正孔については何も考えないの？"

"これも前に言ったが，dropの量子的性質に関しては，どうも電子が先に表へ出てくるようだ．もちろん圧力のおかげで価電子帯にも変化は生じるのだが，伝導帯の変化ほど際立ったものじゃない．それに，電子密度が変化する以上，電気的中性条件から言って，正孔密度も付き合わないわけにはいかない．しかし，密度が1/4でなくて1/3弱に留まっているということは，多少は価電子帯からのブレーキがかかっているせいかも知れない．"

"圧力をかける方向が〈111〉でなくて，たとえば〈100〉だったらどうなるの．"

"これはいい質問だ．たしかに〈100〉の方向に沿って一様に押したのでは，伝導帯の底に変化らしい変化は生じないからね．電子密度が変わる理由はない．しかし，不均一な押し方をした場合は話が別で，たとえ〈100〉から押しても，押される結晶の側では〈111〉方向の応力成分を感じてしまう．したがって電子がエネルギーの低い谷に集まるという傾向は変わらない．つまり密度は小さくならざるを得ない．ついでに言っておくと巨大液滴というのは実は単独で発生するとは限らない．圧力の方向が〈111〉に沿ってだと1個しかできないが，〈110〉方向だと2個，〈100〉だと4個できるということがBerkeleyの連中によって確認されている[5]．"

"へえ．具体的な数がどうしてそんなにはっきりわかるのかねえ．"

"理論的には，結晶のどの部分に歪みポテンシャルの極小値ができるか予言することが可能だ．実験的には，実際にできたdropが発光している様子を写真にとって数えることができる．"

"phonon 風の写真を撮ったときの技術を応用するわけですか？"

"いや，歴史的には巨大液滴の写真の方が先に撮られている．撮ったのは同じ Wolfe だけれど，巨大液滴の写真の方は 1975 年，彼がまだ Berkeley にいる頃に発表された．多くの協力者たちと連名で Physical Review Letter 誌に載せられたのだが協力者たちの中には Kittel も名を連ねていたね[6]．phonon 風の方は，Wolfe が Illinois に移ってから改良した新しいテクニックで視覚に訴えたものだ．"

"Kittel っていうのは例の固体物理の教科書の著者ですか？"

"そうです．まあ，そのことはともかく，最初の写真が撮れたときは大騒ぎだったらしい．研究室ではシャンペンの大番振舞いをするし，新聞記者は詰めかけるし，国際電報にまでなって日本の新聞にも報道されたっけ．"

"どうしてそんな大騒ぎになるのかなあ．面白い実験だとは思うけれど，元来地味な話じゃないの．"

"同感だ．別に Wolfe 自身は派手な宣伝をやりたいわけではなかったろうが，彼は研究室のリーダーじゃない．どうもアメリカというのは過大な PR をやらないと生存競争に勝てない国柄らしい．ボスの配慮もあったことだろう．Wolfe の就職条件を良くするためのね．"

"結果はプラスになったの？"

"まあね．Wolfe にはいい職が見つかった．ただ写真撮影そのものについては面白い，いやつまらないと評価が二つに割れたようだ．が，まあ公平に見て，好意的な評価の方が優勢かな．ひとつには Wolfe の人柄にもよるが，何しろ視覚に訴えるということは，人間の imagination を呼び起こす点で非常に強いパンチ力がある．ぼくとしては，やはり高く評価したいね．"

Drop 君の Wolfe に対する好意は並々ならぬものがあるようです．自分のポートレートをみごとに捉えてくれた人物なのだから無理もありません．しかし，この件に立入ることはそろそろお終いにした方がよいでしょう．

5・4　巨大液滴の特徴

"要するに形が大きいことと，密度が小さいことが巨大液滴の特徴というわけですね．確かに赤色巨星と似ている一面はあるけれど，発光スペクトルの波長は別に赤い方へずれるわけではなさそうだね．"

"これは一本参った．Band gap が変わるので，少しは長波長側へずれるのだが，エネルギーにしてたかだか1％の程度だ．ついつい恒星との類似を強調し過ぎたかな．しかし，ぼくの発光写真はまさしく恒星そのものだよ．ところで，実はもうひとつ，忘れてもらっちゃ困る重要な特徴がある．それは最初にも言ったけれど，寿命がことさらに長いという点だ．"

"ああ，確かにその点も特徴に数えるべきだった．しかし巨大液滴になると何故そんなに寿命が延びるのかな．"

"よくぞ訊いてくれた．この性質はある意味ではぼくの真骨頂かも知れない．寿命が長い理由として，Berkeley の連中は電子・正孔対の密度が小さくなったことを挙げている．直観的に言えば，再結合のチャンスがそれに応じて減少するということだろうな．"

"先日お目にかかったシリコン中の Drop 嬢は，密度が高くて寿命が短いと言っていた．それとは逆のケースだね．"

"いいことを思い出してくれる．密度との関係は確かに誰もが考えつく点だ．しかし，drop の寿命を左右するもうひとつの要素がある．わかるかい．"

"ひょっとして蒸発の効果じゃなかったな．"

"その通り．表面から電子・正孔の対がどんどん逃げて行くので，いやでも身が細るわけだ．ところが巨大液滴の場合，事実上この蒸発という過程が生じない．そこでその分だけ電子・正孔対の消耗が少なく，したがって寿命も長くなる．"

"蒸発が起こらないというのがわからないんだけれど……．"

"起こらないというのは誤解を招くかも知れない．が，とにかく巨大液滴とい

5 巨大液滴

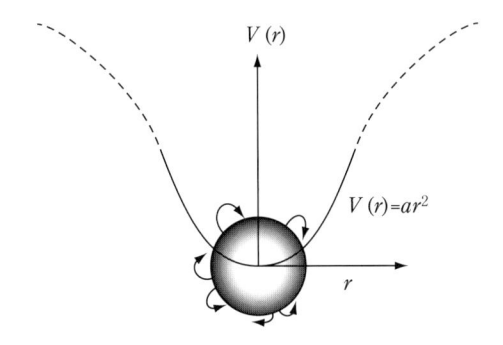

第 25 図 歪みポテンシャルは局部的には $V(r)=ar^2$ の形で表される．この底にある巨大液滴から蒸発した exciton は，ポテンシャルの坂をのぼり切れず，再び液滴表面へ逆戻りする．

うのは非常に蒸発霧消しにくい立場にある．それというのは，生成過程からもわかる通り，各所で生まれた exciton が歪みポテンシャルの低い方へ低い方へと流れてきて巨大液滴を作ったわけだ．そういう巨大液滴から蒸発して遠くへ行くということはこの流れに逆らうことにほかならない．だからたとえ蒸発してもすぐ元に戻されてしまうはずだ．"

"蒸発しないという意味でなく，蒸発しても逃げきれずにまた元へ戻るということだね．"

"その方が表現としては正しいね．地上から空へ向かって石を投げても，重力にひかれてやがてまた落ちてくるのと事情がよく似ている．蒸発して本当に霧消するためには，重力圏からの脱出速度に相当する大きな運動エネルギーを持たなければならないということだね．"

"脱出速度を持った exciton というのは飛び出さないのかなあ．"

"無いこともあるまいが，非常に数が少ない．何しろ巨大液滴を作るような歪みポテンシャルは蟻地獄の穴みたいなもので，這い上れば上るほどずるずる元に引戻す力を備えている．中心からの距離を r とするポテンシャルとは r^2 に比例する形で近似される．力にすれば r に比例するわけだ．つまりバネの復元力

みたいなもので，中心から離れれば離れるほど強く引っ張られる．"

"それじゃ脱出速度なんて，意味ないじゃないの．無限遠まで逃げ延びても，無限の力で引っ張られると言うんじゃ，敵(かな)いっこない．"

"いや，もちろん近似の限界はある．歪みポテンシャルと言っても，不均一圧力の場合はもともと局所的なものです．したがって，どこまでもr^2に比例するというわけではない．ある程度rが大きくなったところでは，ポテンシャルの曲率が反転して，やがてゼロ点に近づくはずだ．だから exciton にしてみれば，そこまでたどり着けば，何とか蟻地獄から這い出せるということになるのだが，現実の問題としてはそれが難しい．その結果，drop の表面から飛び出しては戻り，飛び出しては戻りということの繰り返しに終ってしまう．実質的に仕事関数がべら棒に大きくなるわけだ．"

"なるほど．歪みポテンシャルの変曲点までの距離という奴は drop の大きさにも影響してくるのだろうね．大分わかってきたぞ．だが待てよ．表面から飛び出した exciton の寿命はたかだか数μs のはずだ．これが生きている間に引き戻されるという保証はあるのかい？"

"仮に平均熱エネルギーを持った exciton が飛び出した場合，それが drop の表面へ引き戻されるまでの時間をあたってみると，およそ10^{-8}s になる．つまり exciton の寿命にくらべて 2〜3 桁短い．だからたいていは死なずに帰還するという次第だ．もちろん運の悪い奴は途中で再結合することもあろう．そういう連中がぼくの周辺でピカピカやるわけだ．これを写真に撮ればやはり光像として浮き上がるが，さしずめ太陽のコロナに相当するかな．"

5・5　天体との類似

　Drop君は巧みに天体とのアナロジーを交じえては私の興味をかき立てようとしてくれます．これはうまい作戦のようで，私はまんまとひっかかり，関連質問を連発することになります．

"確かに光る様子はコロナといえばそうかもしれないけれど,ぼくには周囲にへばり着いているexciton系が何だか惑星大気のような気がしてならないなあ. excitonというのは要するに大気を構成している分子みたいなもので,巨大液滴を囲んでいると考えちゃいけないのかい？"

"大気を構成する分子のメンバーが絶えず入れ替わっているという点を除けばまったくその通りだ．別のいい方をすれば，ある瞬間に巨大液滴とまわりのexciton群との写真を撮ったとき,君のイメージとぴったりの図が得られるということだ."

"それじゃ大気層の厚さや密度の分布もわかるのですか？"

"わかります．dropの表面,君のイメージだと惑星の地表に沿ってはexcitonの密度は最大で，地表から離れるにしたがって"指数関数的"に減少する."

"大気の分布そのものだ！指数関数の肩にmgzの位置エネルギーが入って，まさにカノニカル分布の……."

"あわてるんじゃない．ちょっと喜ばせ過ぎたようだ．指数関数と言ってもね．君の考えている形とは多少違うかも知れない．r^2に比例する歪みポテンシャルが入ってくるわけだから，どちらかと言えばガウス型だ．しかし，半径が$300\mu m$程度の巨大液滴に対しては,結局のところ君の考えているような形でも大差ないことがわかる．また大気分子に相当するexcitonのdrop表面からの距離の平均値を求めてみると，たとえば$300\mu m$の半径に対して4Kでは約$90\mu m$程度になる．これを大気層の実質的な厚さと考えてもらってよいわけでまあ何とか上の近似は正当化できそうだ."

"大気の厚さはdropの半径に依存するのですか？"

"そうです．それも半径にほぼ反比例するという関係なのでdropが小さくなると具合が悪い．たとえば4Kでは半径が$100\mu m$くらいにまで縮むと上の近似は使えなくなる．もっとも一方では絶対温度に比例するから，温度を下げればよいわけだ."

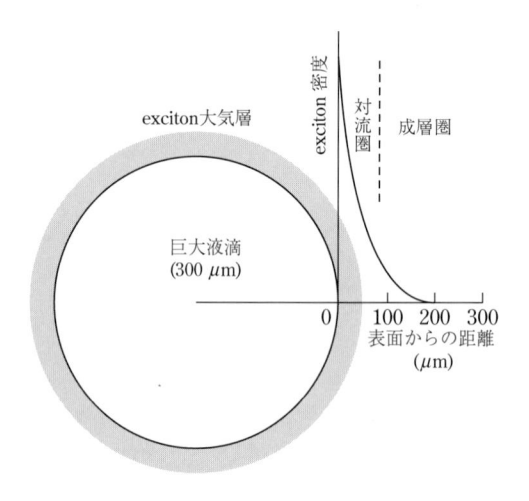

第26図 巨大液滴とそのまわりのexciton大気層

"わかった．気をつけます．それで，周辺exciton gasの密度なんだけれど……．"

"上の条件で$R=300\mu m$のとき，dropの表面に沿ったところでは10^{13}cm^{-3}の程度かな．表面から離れるにしたがって減衰するけれど$90\mu m$くらい離れたところで大体1/3になると思えばよい．"

私は改めて目を凝らしました．"見てきたような話をする"という表現がありますが，私の場合，実際にこの目で見ながらDrop君と語らっているのです．Drop君の輝きに加えて，その周囲を縁どっているコロナならぬexciton大気層の様子が本当に手にとるように見えます．しかし，このように美しい縁どりを，科学的な方法で外部の観測者へ伝えるにはどうしたらよいのでしょうか．

"exciton大気層の存在が突き止められたのは，遠赤外レーザーによる磁気光吸収の実験がきっかけだった[7]．巨大液滴によるレーザー光の吸収を測定していると，同時にexcitonによる吸収も観測される．ところが時間分解法で，両者

が減衰するときの時定数を測ると面白いことがわかった．つまりexcitonは巨大液滴と，ある意味で運命を共にしている．具体的には1,500μsもの寿命を持つかに見える．これは本当の自由exciton，つまり歪みポテンシャルの外部にあるexcitonに対してはすこぶる考えにくい．だから観測されているのは，excitonと言っても，実は準定常的な状態にある系の，系としての寿命だという解釈が立てられてしかるべきだ．先ほどから言っているように，dropの表面で出たり入ったりを繰り返しているexcitonを全体として眺めれば，長寿命の信号が得られても何ら不思議はない．"

　先々月でしたか，私はDrop君から遠赤外レーザーを使った研究の話を聞かされました．あの時は話が難しくて，気のない相槌ばかりを打ち，ついつい失言して，彼を怒らせてしまったものです．今回もこれ以上話を続けられると同じ結果になるのではないかと私は危惧しました．そこでさり気なく話を転じます．

　"巨大液滴というのはシリコンでは観測されないのですか？"
　"おや．シリコンのDrop姫のことが忘れられないらしいね．安心したまえ．例のWolfeがそれらしきものの撮影に成功している．この写真は素晴らしくって，巨大液滴そのものだけでなく，そこへ滝のように流れこむ小液滴やexcitonの発光の軌跡もみごとに捉えている[8]．まさに圧巻だよ．しかし，巨大液滴の属性に関する研究は未だしかとは報告されていない．これからの課題だね．彼女の秘密を包んだベールを脱がすのは，ひょっとしたら君自身かも知れない．さあ，今回はこのくらいにしよう．お休み，坊や．"

　私の限界点を察してか，Drop君はことさらにやさしく言うと，スーッと私から遠去かります．いや，私の宇宙艇が，居眠り運転の主人を乗せたまま，静かに家路を指して動き始めたのでした．

参考文献

1) R. S. Markiewicz, J. P. Wolfe and C. D. Jeffries: Phys. Rev. Lett. **32** (1974) 1357; ibid. **34** (1975) 59 (E); J. P. Wolfe, R. S. Markiewicz, C. Kittel and C. D. Jeffries: *ibid.* p. 275.
2) H. Alfven and C-G. Fälthmmar: Cosmical Electrodynamics, 2nd ed. (Oxford University Press, Oxford 1963).
3) Ya. E. Pokrovskii and K. I. Svistunova: Zh. Eksp. Teor. Fiz. Pis'ma Red. **23** (1976) 110[JETP Lett. **23** (1976) 95].
4) T.Ohyama, A. D. A. Hansen and J. L. Turney: Solid State Commun. **19** (1976) 1083.
5) C. D. Jeffries, J. P. Wolfe and R. S. Markiewicz: Proc. XIII Int. Conf. Phys. Semiconductors, Rome 1976, p. 879, ed. F. G. Fumi, Tipografia Marves, Rome 1976.
6) J. P. Wolfe, W. L. Hansen, E. E. Haller, R. S. Markiewicz, C. Kittel and C. D. Jeffries: Phys. Rev. Lett. **34** (1975) 1292.
7) T. Ohyama:Proc. XIV Int. Conf. Phys. Semiconductors, Edinburgh 1978, p. 375, ed.B. L. H. Wilson, Conference Series Number 43, The Institute of Physics, Bristol and London.
8) J. P. Wolfe and P. L. Gourley: Proc. XIV Int. Conf. Phys. Semiconductors, Edinburgh 1978, p.367, ed. B. L. H. Wilson, Conference Series Number 43, The Institute of Physics, Bristol and London.

6 フィナーレ

　愛用の宇宙艇を降りると私は傍のパーキング・メーターにコインを入れ，正面の半導体大劇場への階段を，弾む心を抱きつつ駆け上がります．Mr. Drop Germannからの招待状がポケットにあります．今日の演し物は"総合バレエ：スター誕生"とのことで，その鑑賞もさることながら，Miss Droplette Silicaに紹介してもらえるということで私は有頂天でした．玄関わきの看板にはプリマ・バレリーナ……Galquinaとか，指揮者Queldishといった名が出ていましたが，とりわけ目についたのは黒地に浮かび上がった"J. R. Haynesに棒ぐ"という金文字でした．劇場のロビーで私は難なくMr. Germannを見つけます．彼はすでに艶やかなMiss Sillcaと談笑していました．私は初対面のMiss Sillcaへどんな挨拶をすべきか，あれこれ考えていたのですが，何のことはない，意表をつく言葉が先方からかかります．

"お久しうございます．やっとまたお目にかかりました．"

　私は肝をつぶしました．と，同時に，その声に聞き覚えがあることにも気付きます．これ以上は説明を要しますまい．

"さあ，そろそろ開演だ．客席へ行こうじゃないか．"

　Mr. Germannの，これまた聞き馴れた声にうながされて私たちは2階正面の特別席へ．私は2人にはさまれて座ります．右手のDropletteに気をとられて落ち着きませんが，彼女は，私がもじもじするたびに，さり気なく応じて，話題のきっかけを提供してくれるのでした．Dropの方は気を利かしてプログラムに

読みふけるふりをしています．

"この総合バレエは，Mr. Germannが企画し，振付の全責任をとったのです．私は練習生で，まだ舞台には立てないのですが，近々には出演する予定です．"
"その時は必ず招(よ)んでください．"
"ええ，もちろんですとも．"
"彼女の晴の舞台はぜひ君に演出してもらわなくっちゃな．"

いままで知らぬ顔をしていたDropが突然口をはさみます．私は一瞬呆気(あっけ)にとられました．

"ぼくが彼女の舞台を演出するって！"
"そうとも．そのことが君に対するぼくの最大の友情のしるしだ．"

なんだかわけがわからぬままDropletteの方をふり向くと彼女はただ，はにかんだように笑っています．と，そのとき開幕のベル．指揮者のQueldish氏がタクトをひと振りすると，流れ出した旋律は紛れもなくJosef Straussの"天体の音楽"でした．幕が上がると，暗黒の舞台にチカチカと閃光が点滅します．ただそれだけで音楽のみが続くのです．

"あ，ごめんなさい．気がつかないで．これをお使いになって．"

かたわらからDropletteが差し出してくれたオペラグラスを眼にあてると，やっと合点がいきました．舞台一面に男女の対が群がり乱舞しています．男性の方は黒っぽいタイツ姿で胸には e という文字が入り，女性はすべて純白のフレア・スカートを波のようになびかせながら踊っています．そして彼女ら1人1人は頭上に h の文字を型どった帽子をかぶっているのです．"白鳥の湖"とい

うロシア・バレエを見たことがありますが，今の舞台ほど絢爛豪華ではありませんでした．面白いことに，ときどき男女の対がパッと同時に消えるのです．そのとき，まるで写真のフラッシュのような閃光が走ります．また対の相手が稀に入れ替ったり，2組の対が，quartetのように入り乱れてはふたたび離れたり，時には同時に消滅したりもします．消滅しても舞台の奥から次々と新手が立ち現れるので，全体の数は少しも減りません．

"過飽和に仕立てているのね．あちこちで分子もできかけてるみたい．"

Dropletteがつぶやきます．やがて音楽のテンポが早まり，どこからともなくコーラスが聞こえてきます．曲はいつしかBorodinの"中央アジアの高原にて"に変わっています．オーケストラの高揚に応じて，舞台の上で踊るexcitonの密度も高まり，もう本当に一杯になりました，それでも各組の踊りのリズムは少しも衰えぬばかりか，目まぐるしくあちらこちらに飛び移ります．

"ひょっとしてMott遷移するんじゃない？"

Dropletteが私をへだててDropに語りかけました．くわしい演出過程を，彼女は未だ知らされていないのでしょうか．Dropは静かに首を横にふります．

"いまは臨界温度以下という設定なんだよ．そこでdropの均一核生成を表そうとしているつもりさ．"

舞台ではもはやquartetもquintetもないくらいです．と，突然，パーンという炸裂音．おやと思う間もなしに，群舞に割れ目が縦横に走り，各所に島のような集団ができたかと思うと，これまでの男女の対は見わけがつかなくなりました．

"星が生まれたのね."

事実，はじめの間こそquasarのように不規則な形だった群舞の島集団は，次第に球状に整い，まぶしいほどの発光体に成長していきます．その中でeとhという文字だけが，目まぐるしく浮き沈みしています．あまりにみごとな変貌だったので，期せずして客席から拍手が起こりました．

"excitonの密度は局部的にゆらいでいる．ゆらぎの振幅が異常に大きくなったところで，核生成が起こるのではないかと考えられる．"

と，Drop君が説明します．

"どこかで周囲と非常に違った状況が生じると，それが核になるのね．今の場合，状況が違うと言っても，おなじexcitonで構成しているgasの中だから，均一核生成というわけでしょう．"

DropletteはDropに問いかけているとも，私に語りかけているともなく話します．ひょっとしたら，私への説明を控え目な形でしているのかも知れません．舞台上で誕生した数々のe-h dropは次第に劇場の空間へ散らばって行き，気がついた頃には満天の星屑と化して私たちの頭上に輝いていました．客席は静まり返って余韻にひたっています．そしてインターミッション．

"electron-hole dropの核生成というのは難しい．有限の寿命という制約があるからね．平衡状態で記述する統計力学では扱えないんだな．"

ロビーでカクテル・グラスを手にしながらDropが話しかけます．

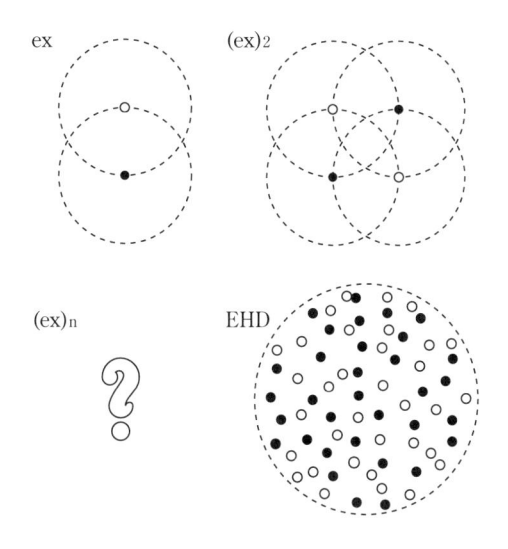

第 27 図　exciton はできても excitonic molecule はなかなか難しい．
　　　　　　ましてやそれ以上となると…．drop への道は遠い．

　"理屈は抜きにして，均一核生成とはかくあらむと，ぼくの勝手な想像で振付けたんだが，後半の不均一核生成の部になると，もっときわどい想像を織りこんでいる．"

　"不均一核生成というのは不純物などが核になるあれかい？"

　"そう．現実の問題として，半導体中で誕生する drop はおおむね不均一核生成によると思われる．いくら exciton の密度にゆらぎがあったからといって，1000Å にも及ぶ臨界半径に達するには 1,000 個近い exciton が局部的に結集しなければならない．光による励起の強度を高めると，確かにそのチャンスは増すが，結合が保証されるされないは別問題だ．だいたい exciton が二つだけ結合した ex_2 に相当する結合のエネルギーにしてもゲルマニウムで 0.3meV の程度で，くっついているのが不自然なくらいの大きさだ．ex_3, ex_4 ともなれば，仮にできたとしても，ex 1 個あたりの結合エネルギーはもっともっと小さくなろう．エントロピー的にもバラバラになった方がいい．ex_{1000} ともなれば，もはや問題

外だ．よほどの超低温にでもすればともかく，何しろ強い光による励起を必要とする系だからね．格子温度もそうやすやすとは下がらない．現実には ex_2 すら無理で，そこから先はますます進みようがないということだ．"

"あら ex_2 もだめなの．シリコンの中に excitonic molecule ができたって報告はあるわよ[1,2]．"

Droplette はいたずらっぽくさえぎると，私の方を見て目くばせしました．彼女の持つグラスの底には赤いさくらんぼの実が沈んでいます．

"シリコンでは事情がちょっと違うかも知れない．ex_2 もさることながら，(eeh) または (ehh)，つまり trion がサイクロトロン共鳴にかかったという報告もある[3]．しかし，これらを捉えるためには，均一な一軸性圧力をかけて，ことさらに drop の生成をはばみ，かなり低温にしてやっとそれらしい小さな信号が得られるといったあんばいだ．もともとの positronium に関する計算[4,5]では (e^- $e^\pm$ e^+) よりも (e^- e^- e^+ e^+) の方が不安定ということを考えると，ex_2 だと思っているものは存外別の代物かも知れない．"

"ちょっと待って．あなたの議論は少しおかしいわ．安定だ，不安定だと言うけれど，それは熱平衡状態での話でしょ．非平衡の場合は話が違ってよ．第一，エントロピー概念なんて成立しないわ．さっきの舞台でもあったじゃない．quartet ができたりつぶれたり，あれは一時的に ex_2 ができている証拠よ．励起光さえ強ければ，たとえゲルマニウムの中にだって ex_2 はできてもいいはずよ．"

"だけど，それはできたと思った瞬間にもう分解するような代物だろう．せめて exciton 自身の寿命の何分の1かは存続してもらわなくちゃ，分子とは言えないよ．"

"それは考え方の問題でしょう．結晶内のあちこちで ex_2 が絶えず生成消滅しているのを外部から眺めた場合，やはり ex_2 から成る定常的な系があって，それからの発光と見えるわけよ．それは exciton だって同じことだわ．せめて1時

間くらい生きていないと準粒子とは呼べないと言うつもり？"

　私は目を丸くしてDropletteをまじまじ眺めました．何という才媛でしょう．Dropはタジタジです．もしこんな女性と世帯を持ったら，年中劣等感にさいなまれねばなりますまい．

　"君の言うことはもっともだ．確かにぼくの説明は平衡状態と，非平衡の定常状態とを混同している節がある．だがex_2が短時間できるできないとdropの核生成とは別問題だ．極端な場合に，ex_2は，exとexとが衝突している間だけしか存在しないとしよう．するとex_2ができる確率はexとexの衝突の確率に等しいと考えてよい．となれば，ex_{1000}は1,000重衝突の確率に比例することになり，これは事実上無視できる．"
　"でも照射光がうんと強くて，それこそ結晶全体がdropかと思われるほど高密度に電子・正孔対をつくったら，ex_{1000}どころか，ex_{10000}だって最初からできているようなものじゃない．これなら核生成が起こりそうなものだわ．"
　"先ほどの舞台はまさにそのつもりだったんだ．そこまで高密度に達しておれば，あとは縮むだけ．縮むときの核は，ある領域に関して一番不均一度の高い箇所でありさえすればよい．その不均一箇所にはex_2があるかもしれないし，ex_3があるかもしれない．どのみち個々のexcitonは事実上電子と正孔とに分離してしまっているだろうけどね．"

　語り合う2人のカクテル・グラスは単なるアクセサリーで，内容は少しも減りません．それに引きかえ，煙に巻かれっ放しの私は他にすることもなく，つぎつぎとグラスを空にしていました．少し酔がまわってきたようです．淑女の手前如何にすべきか．

　"後半の舞台ではGalquina女史がアクセプターを演じます．本当に素晴らし

い芸術ですよ."

　Dropletteが私の方を振返って話しかけてきました．私が思わずカクテル・グラスをテーブルへおろします．

　"アクセプターがdrop誕生に関係するのですか？"
　"とくにアクセプターがということもないかも知れないけれど,彼女の役柄としてはドナーよりいいみたいです．中性アクセプターは正孔をひとつ伴っていますけれど,もうひとつ正孔が付随するとA^+-centerというものができます．これを改めて正の点電荷と見なせば,今度は電子がつかまるわけね．結果的には中性アクセプターが電子・正孔の対,つまりexcitonを捕えたことになるのですが,見方によっては,この新しい状態が,まるで中性ドナーのように考えられます．そうすると次には形の上でD^{--}-centerができるという具合に,後から後から電子・正孔の対が捕えられて行きます．これがdropの核生成を助けるという考えがあるのです．"
　"そうするとドナーの場合は,まずD^{--}-centerができ,それが正孔を捕えて中性アクセプターまがいになる．そこへまた正孔が……というわけですか．なんだか話がうますぎるみたいだなあ．"
　"そのお気持はよくわかりますわ．でも,不純物中心に電子・正孔の対がたく

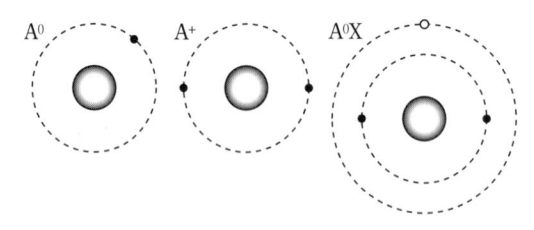

第28図　中性アクセプターA^0が正孔をひとつ捕えるとA^+ができる．そこへ電子が加わると勘定の上ではexcitonを捕えた中性アクセプターA^0Xになる．しかし,これを中性ドナーと見れないこともない．

さんつかまることの可能性は昔から論じられているようです．実験報告も各所から出ています．解釈は必ずしもまだすっきりしていないようですけれど．"

"それについては面白い経緯(いきさつ)があってね．"

と Drop が話に割り込んできました．

"不純物中心に多くの exciton がつかまるということは，Pokrovskii の段階で，シリコンに関して実験的に示唆されていた[6]．それを一層はっきりした形で強調したのがドイツの Sauer[7] と，アメリカの Kosai-Gershenzon[8] だ．彼らはこういう存在に bound multiple exciton complex（BMEC）と命名した．不純物中心に1個だけ exciton が捕えられ，これが消滅するときに出す発光を bound exciton (BE) -line と言うが，この line より低エネルギー側に，何本もの line が林立する．たとえば5本目の line は，5個つかまった exciton の五つ目が消滅するときの line と考えたのだね．こりゃあ君，魅力的な解釈だよ．1974年の半導体国際会議では俄然 Sauer は花形だった[9]．"

"その後ノーベル賞でも貰ったのかい．"

"ところが1〜2年して Sauer はこの考え方を引っこめてしまった[10]．磁場をかけたとき，スペクトル線に期待されたゼーマン効果の反応が，まったく予期に反したからなので，気の毒な Sauer 君は悲しみをこらえて，改めて単独 exciton が不純物につかまっただけでも，複雑なスペクトル線が出ていいという解釈を立てた．"

"アメリカの研究者たちの意見は？"

"Kosai というのは学生で，卒業研究が済むとさっさと就職してしまった．アメリカの大学では研究の中心がしばしば学生であって，卒業してしまうと追試しようにもどうにもならぬということだ．"

"それで Sauer の否定説が通ったわけ？"

"なかなか．彼の否定説をすんなり受入れるにはもとのモデルがあまりに魅力

的に過ぎたんだろう．Sauer に対し，早まるな早まるなと，逆に肯定的な反論が高まり出した．たとえば，発光の実験では第一人者を自認するイギリスの Dean などがそれで，シリコン・カーバイド（SiC）中でもやはり BMEC らしきものがある．Sauer よ，自分のモデルを見直しなさいとやったものだ[11]．"

"Sauer は悲しみから立ち直ったのかい．"

"そこがSauerのSauerたるところ．彼は頑として自分の否定説を撤回しない．真実は真実．余計な情は無用とばかりに，一軸性圧力を加えることによって自分のモデルが間違いである新たな証拠が見つかったとし，またまた新しい論文を発表する[12]．一方，カナダではBMECモデルに近い解釈で実験を説明するグループが現われたが[13,14]，Sauer はそれらにも反撃を加えている[15]．"

"まるで四面楚歌の逆じゃないか．"

"だから面白いんだよ．自説を否定するのに必死になり，周囲が懸命に説得これ努めているのだが効果がない．こう言うとずい分Sauerは石頭みたいだが，彼の側にも言い分はある．好漢自重せよだ．真実は未だわからない．"

"なんだ．まだそんな段階なのか．"

"問題はますます混沌としてきたというのが，偽らざるコメントだろう．もっとも Sauer の方も，最近材料をシリコンからリン化ガリウム（GaP）に変えて，不純物にexcitonは2個までは確実に捕えられるという結果を報告している[16]．"

"そろそろ開演よ．お急ぎになって．"

Droplette にうながされ，私たちはふたたび席へ戻ります．

"リン化ガリウムというのは面白いかも知れないな．間接遷移型で電子・正孔の寿命は長いし，正孔と電子の質量比も大きいから，BMECとdropとの関係に積極的な手がかりが得られると思うよ．"

誰に聞かせるともなく Drop はつぶやいています．

"そうね．正孔と電子との質量比が大きければ，A^+-centerは電子にとってそれだけ点電荷に近く見えるわけよね．少なくともbound excitonはすぐにできるでしょう．後の過程もきっと楽になるわ．"

Dropletteもひとり考え込むように相槌をうちます．それとなく私にGaPと取り組むよう勧誘しているのでしょうか．そうだとしたら私には重荷です．しかし，もしDropletteが何時もそばにいて励ましてくれるなら話は別．このことは，舞台がはねてからゆっくり相談したいものです．とかくするうちに，後半のステージが始まりました．オペラ・グラスをかけなくてもはっきりと見えるGalquina女史が万場の拍手に迎えられて登場します．輝くばかりの美貌の主ですが，と同時にりんとして堂々たる体格．しかも身のこなしは柔らかで，ひとしきり舞台狭しと踊りまくった末，中央に来てみごとなポーズで静止しました．松明(たいまつ)を握る右手を高々と差し上げた姿はまるでオルレアンの少女が昇華して自由の女神と化したが如く，拍手はひときわ高まります．慎み深いDropletteまで感嘆の叫びを抑え切れず，身を乗り出しました．

やがて女史は，左手も高々とかかげます．何時しかその手にも燃えさかる松明が握られていました．

"あの松明が正孔の象徴なのです．今の姿がA^+を表しています．"

Dropletteに説明されてようやくなるほどとわかったのですが，この後の解釈はストレートでした．先ほど聞いた通り，電子役の男性2人，女史の周りで輪舞を始めます．そして今度は女性が……．たちまちアクセプターを中心に，電子と正孔とによるshell構造が作られていきます．もう女史の姿は見えません．

"アーラ．"

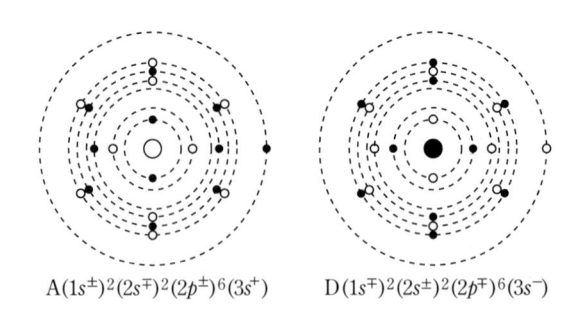

A$(1s^{\pm})^2(2s^{\mp})^2(2p^{\pm})^6(3s^{+})$　　　D$(1s^{\mp})^2(2s^{\pm})^2(2p^{\mp})^6(3s^{-})$

第29図　アクセプターとドナーとが，それぞれdropの核生成中心になるとすれば，dropの胚芽はかくもあろうか．

とDropletteが声をあげたも道理，私たちの眼に映ったshell構造は，それこそ
$$(1s^{\pm})^2(2s^{\pm})^2(2p^{\pm})^6\cdots$$
という具合に，K殻，L殻……の順で，正孔と電子とが相重なって埋めているのでした．中学生時代，理科の教科書で見た原子模型とよく似た図ですが，ひと味違います．中央にあるのはZeという核電荷でなく，$-e$という単電荷に過ぎません．そして互いに反物質である電子と正孔とでcloudを作っているのです．このcloudはどんどん成長し，やがてshellの構造が見分け難くなりました．もはやプラズマ状態です．と，今までアクセプターを中心に呼吸していたプラズマが，客席のオーッというどよめきとともに，突如ふわりと動き始めました．

"スター誕生！"

叫んだのは私です．まったく無意識でそう叫ばせるほど，この時までの過程は自然でした．またまた大きな拍手．誕生したdropが離れた途端，自由の女神はふたたび奔放な少女と化しています．まるで舞台を掌中にするかのように，華麗なダンスをくりひろげ，群がる電子や正孔役の踊り子たちは少しもアクセプターの動きを妨げません．オーケストラはKhachaturianの"剣の舞"を狂わんばかりに奏でています．二度，三度，同じ過程が繰り返され，つぎつぎとdrop

が誕生していきます．万場の興奮．

　この頃になって，私は逆にふと冷静に戻りました．左手を見るとDropの姿が消えています．舞台も終わりに近く，彼は演出者としてステージで挨拶せねばならぬのかも知れません．私はDropletteに気を遣わせないようにそっと席を離れ，ひとりロビーに出ました．防音装置が行きとどいているせいか，オーケストラの音も，客席の興奮もここではまるで嘘のようです．私は孤境に身をおいて，数々のこれまでの体験を振り返ってみたかったのです．Dropの好意に甘え，Dropletteの美貌にうつつを抜かしてきましたが，彼らが私に与えてくれたものについて，自分なりに総決算する気持になっていました．これからの身の処し方にそれは基本方針を与えてくれることでしょう．ソファーに深々と身を沈めて，私は静かに目を閉じます．私とDropの付き合いは偶然に始まり，変わらぬ友情を続けています．初対面のとき，Dropが挙げてくれた彼自身の三つの特徴も魅力であることは事実です．曰く

1. 物質・反物質プラズマとの相似
2. 水滴など日常対象物との類似
3. 量子力学の基本的応用たる水素原子像からの発展

　これらは確かに大切なセールス・ポイントでしょう．しかし，明けても暮れても同じお題目を有難がっていたのでは，dropもいずれは色褪せることでしょうし，"世の中で物理屋が一番物を考えない"と蔭口を叩かれるのがオチでしょう．確かにelectron-hole dropは，宿す物質の如何によって取り扱いの難易度に差はありますが，頭を少し体操させれば正直に応答してくれる貴重な対象です．物質的条件に恵まれ，冒険心に富む人達にとっては素直すぎて恐らく物足りない相手でしょうが，二番手の頭脳を持ち，二番手の研究環境にある私たちを励ましてくれる無二の友として，今後もその特質を生かしながら，新しく楽しい物理を展開させていく努力を忘れてはならない．殊勝にも私はこのように総括すると，立ち上がって深呼吸をしました．フィナーレをわざわざ見に行く気も

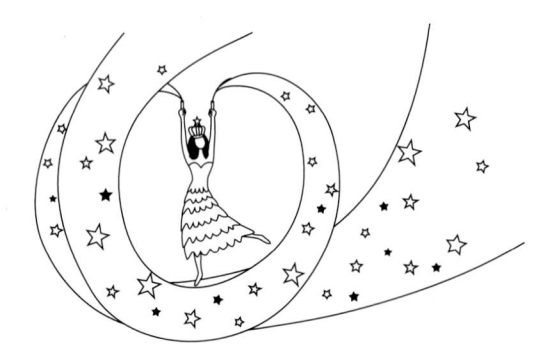

しませんでしたが，DropとDropletteとに別れの挨拶をするつもりで私は客席の扉を開けました．

　そこには舞台もオーケストラもなく，興奮のるつぼだった客席も幻のように消え去っていました．残っているのは，満天の星ばかり．先ほどのアクセプターは観客やオーケストラのすべてを巻き込んで星にしてしまったのでしょうか．それにしてもあのDropとDropletteはどこへ行ってしまったのでしょう．

　今まで何度も似たような目に遭っているので，私は別に狼狽えませんでした．案の定，私の駿馬である小型宇宙艇が音もなく滑り寄って来ます．乗り込んだ私が，ふと気配を感じて彼方に目をやると，日頃見なれない2つの星が並び――ひとつは赤く，ひとつは茜色がかった印象でしたが――私に向って激しくまたたくのでした．

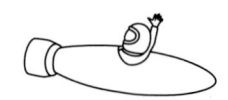

参考文献

1) V. D. Kulakovsky and V. B. Timofeev: Pis'ma Zh. Eksp. Teor. Fiz. **25** (1977) 487 [JETP Lett. **25** (1977) 458].
2) P. L. Gourley and J. P. Wolfe: Phys. Rev. Lett. **40** (1978) 526.
3) T. Kawabata, K. Muro and S. Narita: Solid State Commun. **23** (1977) 267.
4) E. Hylleraas: Phys. Rev. **71** (1947) 491.
5) E. Hylleraas and A. Ore: Phys. Rev. **71** (1947) 493.
6) Y. Pokrovskii: Phys. Stat. Solidi: (a) **11** (1972) 385.
7) R. Sauer: Phys. Rev. Lett. **31** (1973) 376.
8) K. Kosai and M. Gershenzon: Phys. Rev. **B9** (1974) 723.
9) R. Sauer: Proc. XII Int. Conf. Phys. Semiconductors, Stuttgart 1974, p. 42, ed. M. H. Pilkuhn, B. G. Teubner, Stuttgart 1974.
10) R. Sauer and J. Weber: Phys. Rev. Lett. **36** (1976) 48.
11) P. J. Dean, D. C. Herbert, D. Bimberg and W. J. Choyke: Phys. Rev. Lett. **37** (1976) 1635.
12) R. Sauer and J. Weber: Phys. Rev. Lett. **39** (1977) 770.
13) M. L. W. Thewalt: Phys. Rev. Lett. **38** (1977) 521, Solid State Commun. **21** (1977) 937, Can. J. Phys. **55** (9977) 1463.
14) G. Kirczenow: Solid State Commun. **21** (1977) 713.
15) R. Sauer, W. Schmid and J. Weber: Solid State Commun **24** (1977) 507.
16) R. Sauer, W. Schmid, J. Weber and U. Rehbein: Proc. XIV Int. Conf. Phys. Semiconductors, Edinburgh 1978, p. 623, ed. B. L. H. Wilson, Conference Series Number 43, The Institute of Physics, Bristol and London.

あとがき

　著者のあまりにも偏った一人よがりの駄文に終始した感じは拭い難い気がします．半導体は"真空"であり，真空はすべてを包含しますから，半導体は宇宙そのものです．宇宙が抱える森羅万象のすべてと言ってもよいくらい，そこには素晴らしい物理があります．
　「針の孔（あるいは葦の髄）から天を覗く」というたとえがありますが，著者は正にこのような覗き人間です．そうして自分がたまたま覗いた方向に興味ある現象が転がっていただけのことです．しかもそれに感激すると，人にも伝えたくて矢も盾もたまらなくなってペンを走らせたのがこの小冊子です．

　今日，半導体は貿易摩擦の原因になったり，大会社の命運を左右するほど，巨大産業の根本を支えています．半導体メーカーでなくとも，自動車から携帯電話に至るまで，どこかで必ず半導体の世話になっています．
　ここに書いた内容が半導体のすべてだと思わないで下さい．それでも少しは興味を抱いていただけたでしょうか？もし面白いところがあったと言って下さるようなら，著者は大満足です．というのは，面白い話題というのは，将来必ず役に立つ時があるからです．

2004年　師走　著者

索引

事項索引（五十音順）

ア行

アクセプター … 10,14,16,17,110,114
アクセプター・イオン ………… 25
アクセプター準位 …………… 11
圧力依存性 ……………………… 66
Alfven（アルヘン）波 …………… 90
EHD（electron-hole drop）…… 22,23
InSb（インジウム・アンチモン） 54
液滴（drop）……………… 46〜50
エキシトン（exciton） 21,23,31,32,
　　　　34〜38,46,47,49〜51,
　　　　53,54,57,97〜99,106〜111
エキシトン・ガス（exciton gas）
　　…………… 23,45,75,100,106
exciton系の相図 ……………… 47
exciton大気層 ………………… 100
excitonの寿命 ………………… 98
excitonの濃度 ………………… 44
exciton分子 …… 33〜36,38〜40,108
n型半導体 …………… 11,17〜19,26
エネルギー・ギャップ ……… 7,20
エネルギー準位 ……………… 7,21
エネルギー帯 ………………… 7
electron-exciton散乱 ………… 61

electron-hole drop
　………… 22,27,28,31,33,41,106
遠赤外光 ……………… 64,65,68,69
遠赤外レーザー …………… 68,100
温度依存性 ………………… 52,65

カ行

解離エネルギー ……………… 7,38
化合物半導体 ………………… 17
加速器 ………………………… 12
価電子帯 ……………… 7,8,11,20,31
荷電粒子 ……………………… 12,13
GaAs（ガリウム・ヒ素）…… 17,54
還元質量 ……………………… 37
間接遷移型半導体 ………… 54,112
ガンマー（γ）線 …………… 3,31
疑似プロトニウム …………… 25
共有結合 ……………………… 4,20
巨大液滴 …………………… 87,90
巨大液滴の寿命 ……………… 96
巨大液滴の特徴 ……………… 96
巨大電子・正孔液滴 ………… 22
均一核生成 ………………… 106,107

121

禁制帯（エネルギー・ギャップ）
　……………………………… 7〜10
金属と半導体の接触 …………… 19
クーロン力 ………………… 31,47
結合モード ………………… 7,8
ゲルマニウム（Ge） … 1,16,17,20,22,
　25,29,35,40,44,48〜51,53,54,60,82,89
元素の周期律表 ………………… 20
交換相互作用 ………………… 47
格子振動 ………………………… 12
格子振動による散乱 …………… 14
高純度化プロセス ……………… 12
固有半導体 …………………… 9,10
condensate ………… 45,46,48,49,50

サ行

サイクロトロン ………………… 12
サイクロトロン運動 …………… 59
サイクロトロン加速 …………… 59
サイクロトロン共鳴
　………………… 12〜14,57,60,61
サイクロトロン共鳴スペクトル吸収線
　……………………………… 13
サイクロトロン共鳴の線幅 … 17,61
サイクロトロン振動数 …… 13,14,67
サイクロトロン半径 …………… 80
再結合（電子と正孔の）
　………………………… 31,52〜54,82

再結合電流 ……………………… 78
散乱断面積 ………………… 13〜15
時間分解法 …………… 61,62,100
磁気光吸収 …………………… 100
仕事関数 ……… 19,22,32,49,50,51,
　　　　　　52,59,63〜66,80,84,98
質量作用の法則 ………………… 36
時定数 ………………… 53,54,64
縮重 ………………… 50,51,54,66,67
消滅（電子と陽電子の） …… 3,31
シリコン（Si） … 3,9,16,17,20,22,35,
　　　　　　48,50,51,54,60,82,108
真空 ………………………… 1,3,7,26
真空管 …………………………… 1
真性半導体 ……………………… 9
水素原子，exciton，電子・正孔液滴の
　モデル図 …………………… 30
水素原子のイオン化エネルギー
　…………………………… 37,38
水素分子の解離エネルギー … 7,38
正孔 ………… 2,3,8,18,25,31,110
整流作用 ………………………… 19
絶縁体 ……………………… 10,20
相関エネルギー ………………… 47

タ行

ダイアモンド ……………… 4,20
ダイアモンドの結晶構造 ………… 4

ダイオード（diode） …………… 19
第2の真空 ………………………… 1,3
中性アクセプター ……………… 110
中性ドナー ……………………… 110
中性不純物による散乱 ………… 14
超音波磁気吸収 ………………… 92,93
直接遷移型半導体 ……………… 54
dimensional resonance ……… 90〜92
電気伝導度 ……………………… 44
電子 ……… 2,3,7〜9,11,18,20,21,31
電子構造 ………………………… 20
電子散乱 ……………………… 11,14,15
電子散乱効果 …………………… 16
電子散乱の確率 ………………… 13
電子・正孔液滴 ……… 22,27,33,51
電子・正孔液滴の発見 ………… 43
電子・正孔液滴の形，大きさ，寿命
　　　………………………………… 51
電子・正孔の再結合 …31,52〜54,82
電子・正孔の密度
　　　……… 22,32,47,48,51,52,80,82,94,96
電子・正孔密度（の逆数）とエネルギー
　　の関係 ……………………… 48
電子と正孔 ……… 3,31,32,110,114
伝導帯 ………… 7〜9,11,20,31,50
伝導帯の縮重 ………… 50,51,54,67
伝導電子 ………………………… 8
de Haas-van Alfven効果 ……… 79,93

特定不純物による散乱 ………… 11
ドナー（donor） … 10,14,16,17,110,114
ドナー・イオン ………………… 25
ドナー準位 ……………………… 10,11
ドープ …………………………… 12
トランジスター ……………… 1,29,39
drop ………… 46〜51,54,98,99,114

ナ行

熱振動 …………………………… 11

ハ行

binding energy ………… 34,37,38,49
bound exciton (BE)-line ……… 111
bound multiple exciton complex (BMEC)
　　　………………………………… 111,112
発光強度 ………………………… 36,40
発光スペクトル …… 36,58,64,69,96
発光ダイオード ………………… 19
反結合モード …………………… 7,8
反水素原子 ……………………… 10,25
半導体の種類 …………………… 3
Band gap ………………………… 96
反物質 …………………………… 25,26
反物質モデル …………………… 25
反陽子 …………………………… 25,26
p-n接合 …………………………… 18
p型半導体 …………………… 11,17,18,26

歪みポテンシャル	22,88〜90,94,97〜99,101
表面エネルギー	52
表面張力	22,32,47,51,52
フェルミ・エネルギー（Fermi energy）	19,49,51,53
フェルミ準位	19
Fermi（フェルミ）面	50,79,80,93
Fermi liquid	32,93
フォトン（photon）	76
photon energy	77
フォノン（phonon）	54,74
phonon風	74〜76,95
不均一核生成	107
不純物準位	10
不純物準位のできる位置	10
不純物による散乱	14
不純物の密度	13
不純物の役割	9
不純物半導体	10
物質・反物質関係のモデル	26
物質・反物質プラズマ	33,53
不導体	9
プラズマ	22,31,32,114
プラズマ振動数	67
プラズマ模型	33
プロトニウム	25
HaynesによるSiからの発光スペクトル	36
ベル（Bell）研究所	12,39,63
ポジトロニウム（positronium）	21,25,31,34,35,37,38,54
positronium molecule	34,35,38

マ行

マイクロ波	64,69,90
マグネトプラズマ共鳴	64,67〜69,90
マグネトプラズマ吸収	79

ヤ行

有効質量	18,37,51,60,69
誘電関数	67,69
陽子	2,21,25,26
陽電子	2,3,18,21,25,26
陽電子散乱	15

ラ行

Landau準位	79,93
良導体	9
臨界温度	47
臨界半径	52
リン化ガリウム（GaP）	112

励起光強度 ……… 40
励起光強度依存性 ……… 35,36
励起子 ……… 21
Leidenfrost layer ……… 53

ワ行

work function ……… 49

人名索引（アルファベット順）

Alfven, H. ……… 53,79,90,93
Dirac, P. ……… 2
Gershenzon, M. ……… 111
Haynes, J.R. ……… 33,35,36,39,40
Hensel, J.C. ……… 63,65
Hyleraas, E.. ……… 34,38
Keldysh, L.V. ……… 33,41,46
Kittel, C. ……… 95
Kosai, K. ……… 111
Lampert, M.A. ……… 35
Ore, A. ……… 34,38
Pokrovskii, Y.E. ……… 41,46,111
Rogachev, A. ……… 40,41,71
Sauer, R. ……… 111〜114
Svistunova, K.I. ……… 41
Wheeler, J.A. ……… 34
Wolfe, J.P. ……… 77,95,101

著者略歴

大塚 穎三（おおつか えいぞう）

1929年　福岡県に生まれる．
1952年　大阪大学理学部物理学科卒業
　　　　大阪市立大学助手，大阪大学助教授（理学部），
　　　　大阪大学教授（教養部），同 教養部長を経て
　　　　現在 大阪大学名誉教授．理学博士．

半導体ものがたり―真空か，宇宙か，実験室か？
（はんどうたい）

　　　　　　　　　　　2005年 4月10日　　初版第1刷発行

著　者	大塚 穎三 ⓒ（おおつか えいぞう）
発 行 者	比留間 柏子
発 行 所	株式会社 アグネ技術センター
	〒107-0062 東京都港区南青山5-1-25 北村ビル
	TEL 03 (3409) 5329 / FAX 03 (3409) 8237
印刷・製本	株式会社 東京技術協会

Printed in Japan, 2005

落丁本・乱丁本はお取り替えいたします．
定価の表示は表紙カバーにしてあります．

ISBN 4-901496-23-9-C0043